专利代理人执业培训系列教程
ZHUANLI DAILIREN ZHIYE PEIXUN XILIE JIAOCHENG

专利咨询服务

ZHUANLI ZIXUN FUWU

中华全国专利代理人协会 中国知识产权培训中心／组织编写

谢顺星／主编

知识产权出版社
全国百佳图书出版单位

内容提要

本书从专利咨询概论、专利检索服务、专利分析服务、专利预警服务、专利战略策划、其他咨询服务等方面对专利咨询服务作了详细介绍,既有清楚简要的理论基础分析,又有清晰可行的实践操作指南,对专利代理人而言,是一本兼具理论学习和实践指导的好书。

读者对象:专利代理行业从业人员,企事业单位从事专利工作的人员。

责任编辑:李 琳 崔 玲　　　责任校对:韩秀天

封面设计:独角兽工作室 平面设计　　　责任出版:卢运霞

图书在版编目(CIP)数据

专利咨询服务/谢顺星主编. —北京:知识产权出版社,2013.1 (2016.3 重印)

ISBN 978 – 7 – 5130 – 1862 – 3

Ⅰ.①专… Ⅱ.①谢… Ⅲ.①专利—咨询服务—教材 Ⅳ.①G306

中国版本图书馆 CIP 数据核字(2013)第 017502 号

‖专利代理人执业培训系列教程‖

专利咨询服务

谢顺星 主编

出版发行:知识产权出版社

社　　址:北京市海淀区西外太平庄 55 号	邮　　编:100081
网　　址:http://www.ipph.cn	邮　　箱:bjb@ cnipr.com
发行电话:010 – 82000860 转 8101/8102	传　　真:010 – 82005070/82000893
责编电话:010 – 82000887　82000860 转 8118	责编邮箱:lilin@ cnipr.com
印　　刷:北京富生印刷厂	经　　销:各大网络书店、新华书店及相关销售网点
开　　本:787mm × 1092mm　1/16	印　　张:11.25
版　　次:2013 年 3 月第 1 版	印　　次:2016 年 3 月第 2 次印刷
字　　数:240 千字	定　　价:32.00 元

ISBN 978 – 7 – 5130 – 1862 – 3/G · 562　(4710)

《专利咨询服务》

主　　编：谢顺星

编写组成员：（按姓氏笔画排序）

　　　　苏　娟　吴燕敏　张永明　瞿卫军

审稿人员：（按姓氏笔画排序）

　　　　马　克　毛金生（组长）　贾静环　曹津燕

序　言

目前，知识产权在推动经济社会发展中的作用和地位越来越凸显，已经成为世界各国竞争的一个焦点。温家宝总理曾经指出："世界未来的竞争，就是知识产权的竞争。"我国正处于转变经济发展方式、调整产业结构的转型期，全社会的研发投入大幅增加，知识产权保护意识不断提升，专利申请数量快速增长，我国知识产权事业正处于重要的战略发展机遇期，要求我们必须直面知识产权工作面临的巨大挑战。

随着国家知识产权战略的实施，企业创新行为更加活跃，创新主体对专利中介服务的需求增加，专利中介服务业务量激增，专利代理行业的市场需求逐年增大。2011年，我国年度专利申请量达到 1 633 347 件，其中委托代理机构代理申请的达到 1 055 247 件，自 1985 年专利代理制度成立以来年度代理量首次突破 100 万件。其中，代理国外申请 128 667 件、国内申请 926 580 件。以上各项数据充分表明，我国专利代理行业的主渠道作用越来越明显，已经成为实践知识产权制度的重要支柱之一。专利代理事业的蓬勃发展也促使了专利代理人队伍的不断壮大，截至 2012 年 10 月 31 日，全国执业专利代理人人数已增至 7 949 人，专利代理机构达到 909 家。作为"第二发明人"，专利代理人的工作是一项法律性、技术性都极强的工作，需要由经过专门培训的高素质人员来完成。目前，我国专利中介服务能力随着专利事业的发展取得了举世瞩目的成绩。

随着国际形势的变化和我国知识产权事业的发展，专利代理能力提升面临前所未有的机遇与挑战。申请量、代理量的不断增大，专利审查工作的严格细致，对专利代理工作提出了更加高效、更加准确、更加专业的工作目标。社会需求的不断扩大，发明人、企业发明的多样化，对专利代理人的能力和水平也提出了更高的要求，迫切要求专利代理人全面提升服务能力。应当说，全面提升专利代理能力是知识产权事业发展的必然要求。专利代理人执业培训，是全面提升专利代理人服务能力的重要途径。《国家知识产权战略纲要》对知识产权中介服务职业培训提出了明确要求："建立知识产权中介服务执业培训制度，加强中介服务职业培训，规范执业资质管理。"《专利代理行业发展规划（2009 年—2015 年）》则对专利代理服务执业培训作出了系统性的安排。

为此，中华全国专利代理人协会在上述国际、国内形势的背景下，深入贯彻落实《国家知识产权战略纲要》和《专利代理行业发展规划（2009 年—2015 年）》的要求，组织编写专利代理人执业培训系列教程，具有历史性的意义。中华全国专利代理人协会精心组织，挑选在业界具有盛名的相关领域专家组成编写工作组，聘请来自国家知识产权局、最高人民法院知识产权审判庭、相关高校的资深专家与专利代理界的资深专家组成统稿及审稿工作组，并专门成立组织协调工作组承担大量的组织、协调工作。可以说，中华全国专利代理人协会对专利代理人执业培训系列教程编写工作的精心组织和有序推进，有力地保障了该系列教程的编写质量。作为专利代理人执业培训教材的垦荒者和实践者，他们为我国知识产权事业作出了重要贡献。

此次编写的专利代理人执业培训系列教程，内容涵盖专利代理职业道德、专利代理事务及流程、专利申请代理实务、专利复审及无效代理实务、专利侵权与诉讼、专利咨询服务等各个方面。这一套系列教程具有如下特点：开创性——编写专利代理人执业培训系列教程尚属首次，具有开创意义；实操性——此次编写的专利代理人执业培训系列教程在内容上注重贴合我国法律实践，对于实际操作具有重要指导意义；全面性——此次编写的专利代理人执业培训系列教程涵盖专利代理人中介服务的方方面面，能够全面提升专利代理人的服务能力；权威性——此次承担专利代理人执业培训系列教程编写任务的同志均是相关领域的专家，具有丰富的实务经验和理论水平。相信通过这样一套集开创、实操、全面、权威为一体的专利代理人执业培训系列教程的编写与出版，能够有效提高专利代理机构的服务质量以及专利代理人的业务能力，推动提高专利代理行业的业务水平。

专利代理能力的提升，是一个永恒的时代话题，一个永远跳跃着的音符。感谢为本套系列教程的组织、编写和出版付出心血的所有工作人员，大家的工作有利于提高全社会知识产权创造、运用、保护和管理能力。我相信，专利代理人执业培训系列教程的出版，对于推动专利代理能力的全面提升具有历史性的意义，必然有利于推动专利代理行业又好又快地发展，有利于服务和保障知识产权事业的发展大局。走过筚路蓝缕的岁月，迎接荆棘遍布的挑战，我相信随着专利代理能力的进一步提升，专利代理界将为我国创新型国家建设和经济发展方式的转变作出更大的贡献！

贺化

2012 年 12 月

前　言

随着专利工作越来越多地渗透到社会生活的诸多方面，人们对专利服务需求的深度和广度不断增加，除了基础的专利代理服务以外，还渴求得到涉及专利信息、专利获权、专利攻防、专利交易和专利管理等方面更为繁杂和高端的专利咨询服务。这种需求的变化一方面为专利服务业的发展提供了更多的机遇，同时也对专利服务业从业人员的素质和水平提出了更高的要求。为此，编著组在消化吸收大量国内外文献的基础上，结合实践中的经验和体会，编著完成了本书。

本书共分为 6 章，对专利咨询服务进行了全面系统的总结。第 1 章详细论述了专利咨询的概念、专利咨询的客体和专利咨询的类别。第 2 章至第 6 章则分别就信息咨询类的专利检索服务和专利分析服务、攻防咨询类的专利预警服务和尽职调查服务、交易咨询类的专利资产评估和交易合同咨询以及管理咨询类的专利战略策划等几类常见咨询服务项目的概念类别、服务程序、服务方法和服务案例进行了系统阐述。

本书第 1 章以及第 6 章第 2 节和第 3 节由北京路浩知识产权代理有限公司谢顺星执笔，第 2 章由北京康信知识产权代理有限公司张永明执笔，第 3 章由北京路浩知识产权发展中心瞿卫军执笔，第 4 章以及第 6 章第 1 节由金杜律师事务所苏娟执笔，第 5 章由上海专利商标事务所吴燕敏执笔。全书由谢顺星和瞿卫军主持编著并统稿。

国家知识产权局知识产权发展研究中心毛金生主任和北京瑞恒信达知识产权代理事务所曹津燕所长审阅了本书书稿。国家知识产权局贺化副局长、宋建华司长，中华全国专利代理人协会杨梧会长、李建蓉秘书长、徐嫒嫒副秘书长等领导和专家对本书的编著给予了许多指导和帮助。在本书编著过程中，北京康信知识产权代理有限公司李慧女士付出了大量辛勤的劳动，北京路浩资产评估有限公司史红芳女士以及北京路浩知识产权代理有限公司王朋飞先生、张晶女士和高荣英女士提供了很多实质性的协助。编著组全体成员在此对所有指导、帮助、关心和支持本书编著的各位领导和专家表示衷心感谢！

专利咨询在我国起步较晚，属于新兴的专利服务类别，加之专利咨询业务覆盖面广、种类繁多、程序复杂，系统阐述专利咨询服务的理论体系和实操方法在国内属于首次，需要很强的创造性劳动。尽管编著者付出了极大的努力，但因水平有限，加之时间仓促，书中不免存在不足之处，望广大读者不吝赐教并批评指正！

目　　录

第1章　专利咨询概论

专利咨询在我国属于新兴的专利服务类别，也是现代咨询的一个类目。本章从专利咨询的概念出发，重点阐述专利咨询的客体和专利咨询的类别，以期对专利咨询作出概括性论述。

第1节　专利咨询的概念

专利咨询（patent consultation）和专利代理（patent agency）同属专利服务，但与专利代理比较，公众对专利咨询的认知程度十分有限。本节主要就专利咨询的概念和专利咨询与专利代理的关系进行阐述。

1　咨询的概念

1.1　咨询的含义

1.1.1　咨询的定义

在中国古代，"咨"和"询"是两个词，咨是商量，询是询问，后来逐渐形成一个具有询问、谋划、商量、磋商等意思的复合词"咨询"。辞海中对"咨询"的解释就是"征求意见"。现代对于什么是咨询的说法很多，从不同的角度有不同的表述。综合各种说法，我们不妨可以认为：咨询是相关知识经验丰富的人应特定对象的需要，为其实现特定目标提出解决方案的顾问服务行为。这里所称的"人"是民法意义上的人，包括自然人、法人以及其他组织，也就是包括了咨询人员和咨询机构。

1.1.2　咨询的性质

从形式上看，咨询是一种顾问服务行为，是相关专家运用其丰富的理论知识和实践经验为特定对象实现特定目标而提供特定解决方案的高智能活动；从过程上看，咨询是一种双向互动行为，是相关专家运用科学的方法，经过定性定量分析研究，在特定对象的参与下，为其实现特定目标提供具体解决方案的价值增值活动；从内容上看，咨询是一种委托服务行为，是委托人为实现特定目标委托咨询方提供有效解决方案的有偿服务活动。

可见，咨询的实质是专家针对客户的问题，利用其知识经验，经过创造性劳动，有偿提供解决方案。因而，咨询是建立在市场机制上的一种智力型服务，也是人类知

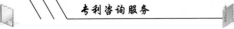

识经验继承、传递、利用和发展的一种社会化过程。

1.1.3 咨询的作用

咨询作为一项顾问性质的社会服务活动，具有为决策者充当参谋和外脑的作用，因而广泛服务于军事、政治、经济和科技等领域。

在科学技术高度综合、交叉渗透的现代社会，随着管理科学、系统科学、信息科学和计算机科学的产生和发展，现代咨询逐步扩展到各领域，形成了一门应用性软科学，已成为社会、经济、政治活动中辅助决策的重要手段，科学论证的重要支撑，风险规避的重要途径。

1.2 咨询业概况

1.2.1 咨询业的类别

咨询业是从事咨询服务的行业，是以知识运用为特征的服务性产业，其成员包括以专门的知识、信息、技能和经验为资源，通过对信息的收集、整理、加工和分析，为单位和个人提供决策依据和实施建议的专家、机构和由其组成的行业团体。

咨询业涉及面十分广泛，总体而言其主要包括以下咨询类别。

（1）政策咨询

政策咨询是针对国家和地方政府政策的咨询，主要就政治、经济、科学和社会发展等方面进行调查研究和预测论证，并提出决策建议。

（2）管理咨询

管理咨询是针对企业经营管理的咨询，主要对企业经营活动中存在的问题进行研究分析，找出症结所在，然后提出解决方案，并指导企业实施。

（3）工程咨询

工程咨询是针对工程建设项目的咨询，主要提供项目建议书编制、可行性研究报告编制、工程预算和工程设计等服务。

（4）技术咨询

技术咨询是以提供技术服务为主的咨询，主要提供新技术、新产品、新材料和新设备的研究分析；提供技术诊断、技术培训、技术攻关、技术鉴定和技术评价等服务。

（5）专门咨询

专门咨询是以专业知识提供专门服务的咨询，主要包括法律咨询、专利咨询、品牌咨询、财务咨询、人力资源咨询和心理咨询等。

1.2.2 咨询业的现状

咨询范围的扩展和咨询手段的提升，使得咨询业已发展成不可或缺的服务行业，人们也越来越认识到咨询业的重要作用。发达国家的咨询业已经是专业化程度高、法规健全、市场规范和需求稳定的行业，在市场调查、技术开发、企业决策和政府规划

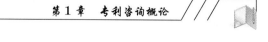

等方面发挥着巨大的作用；咨询服务涵盖了几乎所有行业，成为所有传统行业和新兴行业价值实现或价值增值的必要环节。

虽然我国咨询业在规模和水平上与发达国家比较还存在一定的差距，但由于咨询机构在信息系统、专门技术、专业人才和技术分析方面拥有独特的优势，对政府和企业能够起到智囊团和参谋部的作用，现在越来越多的企业和政府机构已经离不开咨询服务。随着社会经济的发展，咨询业在我国必将是蓬勃发展的新兴产业。

2　专利咨询的概念

2.1　专利咨询的含义

2.1.1　专利咨询的定义

前面已经谈到，咨询是相关知识经验丰富的人应特定对象的需要，为其实现特定目标提出解决方案的顾问服务行为。按此类推，专利咨询可以定义为：专利知识经验丰富的人受委托人的委托，为其实现特定专利事务目标提出解决方案的顾问服务行为。

这里所说的专利知识经验丰富的人包括在专利领域具有较高造诣的专利工作人员和从事所述顾问服务的机构；所说的委托人包括企业、事业单位、政府机关和各种社会团体；所说的专利事务指专利创造、运用、保护和管理过程中的各种事务；所说的解决方案包括决策依据、研究报告和实施建议等能够指导委托人的各种结论、评价、意见和建议等。

2.1.2　专利咨询的特点

专利咨询具有其自身的许多特点，主要包括：

（1）业务面广

专利事务名目繁多，涉及专利工作的方方面面，其中很多名目都可能是专利咨询的对象，专利咨询的业务覆盖面也就随之非常广泛。

（2）知识面宽

专利咨询工作常常是跨越法律、经济、管理、科技、文化、社会学和心理学等学科的综合性研究，而且常常要借助外文文献开展工作，或者以外语作为工作语言。

（3）程序复杂

一个专利咨询项目往往是一项系统工程，一般会经由信息收集、分析研究、解决方案策划、实施细则制定、实施方案论证和实施方案评估等多个相互联系的环节和步骤。

（4）差异性强

专利咨询中，不同的委托人和不同的项目从项目背景到项目目的千差万别，提供专利咨询服务必须根据委托人的实际需求量身定做，必须把握适配原则和实用原则，所提供的解决方案必须务实和具有可操作性。

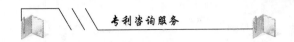

专利咨询业务面广、知识面宽、程序复杂和差异性强的特点，使得咨询人员需要具备很高的综合素质才能出色地完成专利咨询任务，其不仅要具有专利领域扎实的功底，其他领域丰富的知识和良好的外语水平，而且要具有调研、分析、研究和预测能力和良好的沟通表达能力。

2.2　专利咨询与专利代理的关系

2.2.1　两者的联系

专利事务名目繁多，但不论其多么纷繁复杂，就专利服务而言，无外乎属于专利代理服务和专利咨询服务两大门类。专利代理服务与专利咨询服务两者相辅相成，对服务对象而言缺一不可。

专利服务业是现代服务业的一个分支，是专利代理机构和专利咨询机构接受委托人委托，为委托人提供专利代理服务和专利咨询服务的行业。专利服务业由专利代理业和专利咨询业共同构成，专利咨询和专利代理是平行且相对独立的关系，不存在谁从属于谁的关系。

2.2.2　两者的区别

专利代理与专利咨询虽然都是针对专利事务提供服务，但两者是有本质区别的，这不仅仅是因为代理服务是基础的专利服务，较之咨询服务单一许多，主要是因为专利代理与专利咨询属于不同的法律范畴。

众所周知，专利代理是指专利代理机构接受委托人的委托，以委托人的名义，在委托人授权范围内，代替委托人办理专利申请或者其他专利事务，其法律后果由委托人承担的行为。

从法律角度看，专利代理是专利代理机构以被代理人的名义在委托人授权的范围内开展活动的民事法律行为，由此产生的法律后果由被代理人承担；而咨询则是专利咨询人员或专利咨询机构针对委托人要解决的问题，以自身名义处理相关事务的行为，由于专利咨询的目的通常是为委托人进行某项决策提供参考依据，咨询意见并不代表委托人的决策，咨询人员更不会直接代替委托人进行决策，因此通常情况下专利咨询并不产生直接的法律后果。凡不与第三人产生权利义务关系的行为都不是法律意义上的代理，专利代理中的第三人可能是专利局、法院或地方专利管理机关，也可能是与委托人有利害关系的第三方。也就是说，专利代理中必然有第三人的存在，而专利咨询则不然。通俗地讲，代理是指乙方受托代表甲方，与丙方打交道的行为；而咨询则是指乙方为解决甲方的问题，为甲方提出解决方案的行为，其中并不会出现丙方。

按照以上区别，我们不难将企业专利事务名目所对应的服务项目进行归类。属于专利代理服务的项目包括专利的申请备案、维持放弃、复审无效和诉讼打假等服务，而属于专利咨询服务的项目则包括专利战略策划、检索分析、预测预警、评价评估、挖掘布局、交流培训、建章立制和考核奖惩等服务。

　　属于专利代理服务的项目不是本书论述的对象，本书仅就专利咨询服务的项目进行阐述。必须指出，本书论及的专利咨询不同于专利代理业务前期的简单咨询，比如专利申请所需费用、时间和材料等，这些简单咨询服务于专利代理或从属于专利代理，而这里所说的咨询服务却是独立于专利代理的高端咨询。

2.2.3　两者的现状

　　由于我国实施专利制度的时间较短，专利咨询业出现的时间不长，目前专利代理服务和专利咨询服务的发展极不平衡，公众对专利代理服务和专利咨询服务两者的认知程度相差甚远，许多业内人士在提到专利服务时的印象也都只有专利代理。

　　专利代理制度伴随我国专利制度的实施而诞生，并随着我国专利事业的发展而不断发展。目前代理服务体系已较为成熟，公众对代理服务的内容和意义已普遍认可，如此造就了数量可观的代理机构和代理人员、相关管理部门和行业协会，也形成了一些行业管理规范。而专利咨询服务因起步较晚，加之咨询业务覆盖面广、工作程序复杂，需要从业人员有更全面的专业水平和更综合的工作能力，这些使得其发展相对滞后，其社会认知度很低，公众对专利咨询服务的主要内容和意义尚不甚了解，能够从事专利咨询服务的机构和人员很少，更谈不上有管理部门和行业协会了。

第 2 节　专利咨询的客体

　　政府部门和企事业单位的专利工作常常是专利咨询服务的对象。政府部门在制定专利相关政策法规、制定区域或行业专利战略，以及制定促进专利创造、运用、管理和保护之制度措施与实施方案的过程中都可能需要专利咨询服务。由于政府部门对专利咨询服务的需求涉及面十分广泛，很难一一解说，而企事业单位，尤其是企业，是政府部门相关政策、法规、战略、措施和实施方案所针对的最重要的主体，亦是直接寻求专利咨询服务的最重要的主体，因此本书将主要围绕针对企业的专利咨询服务进行阐述。

　　企业即是专利咨询业务的主要采购方，企业专利工作自然是专利咨询的重要客体，针对企业的专利咨询服务必须与企业专利工作相匹配。为了更系统地论述针对企业的专利咨询，必须先搞清楚企业专利工作的工作构成和结构模式，即企业专利工作构架。本节从企业专利工作构架的概念出发，对企业专利工作各工作群组的工作名目进行阐述。

1　专利工作构架

1.1　专利工作目标

　　企业专利工作指企业为了实现最大的经济效益和获取最大的竞争优势，以专利制

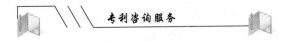

度和企业发展战略为依据，对企业涉及的专利活动进行统筹安排和管理的所有活动。这些活动涉及企业专利创造、运用、保护和管理的多个方面，工作内容复杂，工作名目繁多。

企业专利工作的工作内容和工作名目不论多么繁复，都是与企业专利工作的目标相联系的，即都是为达到企业专利工作目标所设置的。而企业专利工作的目标到底是什么，学术界有不同的说法，不同的学者有不同的表述。但不论怎么表述，企业专利工作目标总归离不开"促进研发、获得专利、维护权益、运用权利，从而创造价值"。其中，促进研发是基础，获得专利是手段，维护权益是武器，运用权利是途径，创造价值才是最终目标。

1.2 专利工作群组

为达到创造价值的目标，企业专利工作必须包括促进研发、获得专利、维护权益和运用权利的各项工作，而这些工作的开展离不开相关管理制度和人财物条件的支撑。据此，可以说企业专利工作包括研发促进、申请管理、权益维护、权利运用、制度建设和条件保障六个方面。❶

由于以上六个方面的每一方面都包含有多种工作名目，由此构成一个工作群组，因此，企业专利工作由研发促进群组、申请管理群组、权利运用群组、权益维护群组、制度建设群组和条件保障群组六个工作群组构成。

在上述群组中，研发促进群组、申请管理群组、权益维护群组和权利运用群组内的工作属于企业专利工作的常规工作，这些工作的开展有赖于制度建设群组和条件保障群组工作的开展，因此，制度建设群组和条件保障群组内的工作属于企业专利工作的基础工作。对此，我们可以认为企业专利工作由四个常规工作群组和两个基础工作群组构成。

基础工作群组为常规工作群组搭建支撑平台（包括制度支撑平台和条件支撑平台），为常规工作群组内工作的开展提供制度和条件支撑。制度支撑平台为各常规工作群组开展工作提供规范、方向与策略，条件支撑平台为各常规工作群组开展工作提供人财物条件。

1.3 专利工作构架

综上所述，企业专利工作的构架可以描述为：企业专利工作由两个基础工作群组（制度建设群组和条件保障群组）搭建两个支撑平台（制度支撑平台和条件支撑平台），四个常规工作群组（研发促进群组、申请管理群组、权益维护群组和权利运用群组）在两个支撑平台上开展工作。如此形成的企业专利工作构架如下图所示：

---

❶ 谢顺星，等. 刍议搭建科学合理的企业专利工作构架［N］. 中国知识产权报，2012－06－08（8）.

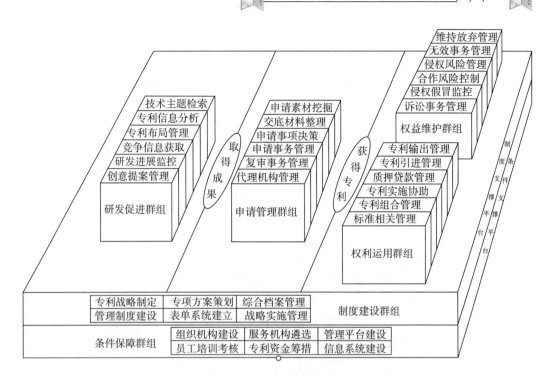

图 1-1　专利工作构架示意图

　　企业专利工作构架可以比方为产品生产销售运营构架：这里的产品是专利，保障支撑平台相当于设备、资金和人员；制度支撑平台相当于管理制度、操作规程和营销策略；研发促进群组的工作相当于备料采购，为高效产出专利原料；申请管理群组的工作相当于制造加工，为有效获得专利产品；权益维护群组的工作相当于仓储养护，为及时维护专利权益；权利运用群组的工作相当于销售推广，为增值运用专利权利。如此经由研发促进群组的工作引导研发取得成果，取得研发成果后经由申请管理群组的工作获得专利，获得专利后再经由权益维护群组的工作和权利运用群组的工作，最终为企业创造价值。

2　常规工作群组

2.1　研发促进群组

　　研发促进群组是由促进研发的各种工作构成的组群，包括与研发前期、研发中期和研发后期工作相关的各项工作，主要有技术主题检索、专利信息分析、专利布局管理、竞争信息获取、研发进展监控和创意提案管理等名目。

2.1.1　技术主题检索

　　技术主题检索的工作内容主要是依据拟研发主题确定检索关键词和检索策略，经检索获得检索结果和所需的专利文献，作出检索结论并出具检索报告。

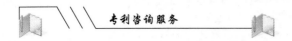

2.1.2　专利信息分析

专利信息分析的工作内容主要包括依据专利检索结果，对采集到的信息进行加工、整理和分析，弄清拟研发主题的技术水平现状、技术重点难点、技术发展趋势以及主要竞争区域和主要竞争者。

2.1.3　专利布局管理

专利布局管理的工作内容主要是组织相关人员根据企业研发的方向，在专利信息分析的基础上，就企业拟研发主题的相关信息进行系统研究，对围绕该主题的未来专利申请进行系统筹划。

2.1.4　竞争信息获取

竞争信息获取的工作内容主要是在研发前、研发中和研发后各个阶段，经由反向工程和信息检索等手段，获取竞争者和竞争产品信息。

2.1.5　研发进展监控

研发进展监控的工作内容主要包括配合研发部门对各研发项目的进展情况进行实时监控；对研发过程中形成的图纸和数据等信息资料设立档案；对符合专利申请要求的研发成果及时组织专利申请，对不宜申请专利的研发成果及时采取技术秘密保护措施。

2.1.6　创意提案管理

创意提案管理的工作内容主要是建立创意提案管理机制，对员工不经意间发现所产生的创新提案和突发奇想所产生的创意提案进行管理，使一些不经意间的火花成为企业研发的导引。

2.2　申请管理群组

申请管理群组是由申请和获得专利的工作构成的组群，包括与申请前、申请中和申请后相关的各项工作，主要有申请素材挖掘、交底材料整理、申请事项决策、申请事务管理、复审事务管理和代理机构管理等名目。

2.2.1　申请素材挖掘

申请素材挖掘的工作内容主要包括组织研发和管理人员对研发所取得的技术成果进行剖析、拆分、筛选和合理推测，获得技术创新点和可用于申请专利的技术方案。

2.2.2　交底材料整理

交底材料整理的工作内容主要是在申请素材挖掘的基础上，组织研发人员和专利工作人员将根据创新点总结的技术方案整理成技术交底材料。

2.2.3　申请事项决策

申请事项决策的工作内容主要包括在组织申请素材评审的基础上，决定各技术交底材料所记载的技术方案是否申请专利、申请何种专利、何时申请专利、向哪些国家或地区申请专利以及是否请求提前公开等事项。

2.2.4 申请事务管理

申请事务管理的工作内容主要包括制定专利申请管理程序，组织申请文件撰写和审查意见答复等申请的实质性工作；监督申请文件质量；分类管理未申请专利的技术文档、处于审查程序中的专利申请文档和已获得授权的专利文档等；管理申请费用事务。

2.2.5 复审事务管理

复审事务管理的工作内容主要是专利复审请求事务管理，以及与复审程序相关的行政诉讼事务管理。复审请求事务管理包括组织撰写复审请求书、答复复审审查意见和参加复审口头审理等。

2.2.6 代理机构管理

代理机构管理的工作内容主要包括签订委托代理合同；对申请文件、专利复审文件和审查意见答复文件等进行质量评价；安排发明人与代理人沟通；支付代理费用。

2.3 权益维护群组

权益维护群组是由维护专利权权益的各种工作构成的组群，包括与权利维持、风险控制和专利攻防工作相关的各项工作，主要有维持放弃管理、无效事务管理、侵权风险管理、合作风险控制、侵权假冒监控和诉讼事务管理等名目。

2.3.1 维持放弃管理

维持放弃管理的工作内容主要包括建立专利权维持与放弃机制、管理专利年费缴纳事务和管理专利权放弃相关事务。

2.3.2 无效事务管理

无效事务管理的工作内容主要是提出无效宣告请求事务管理和应对无效宣告请求事务管理，以及与无效程序相关的行政诉讼事务管理。其中提出无效宣告请求事务管理包括组织收集无效证据、撰写无效宣告请求书和参加口头审理等；应对无效宣告请求事务管理包括组织分析无效宣告请求的证据和理由、撰写意见陈述书和参加口头审理等。

2.3.3 侵权风险管理

侵权风险管理的工作内容主要包括建立预警和应急机制，在生产经营的各环节（尤其是在新产品销售前和新工艺使用前）对可能遇到的专利侵权风险进行分析并提前发布警告，拟定包括进行规避设计、无效障碍专利和获得许可转让等在内的各种规避方案和措施等。

2.3.4 合作风险控制

合作风险控制的工作内容主要包括在进口产品或引进技术、委托加工产品、与他人合资合作和并购其他企业等合作事务中，合作前考察专利本身和合作对象的相关事项，对可能出现的合作风险作出预测，并拟定规避合作风险的方案和措施。

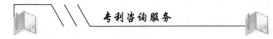

2.3.5 侵权假冒监控

侵权假冒监控的工作内容主要包括经由反向工程、市场调研、信息检索和信息跟踪等手段和渠道，收集侵犯或假冒本企业专利的证据；对侵权或假冒行为进行调查；拟定维权策略和制定维权方案；发现侵权假冒现象时及时发出警告，请求行政调处或进行诉讼准备。

2.3.6 诉讼事务管理

诉讼事务管理的工作内容主要是提起诉讼事务管理和被控侵权事务管理。其中提起诉讼事务管理包括组织收集侵权证据、策划诉讼模式、选择管辖法院、撰写起诉材料以及参加法庭审理等；被控侵权事务管理包括组织分析指控证据、评估指控理由、收集抗辩证据、撰写答辩材料以及参加法庭审理等。

2.4 权利运用群组

权利运用群组是由运用专利的各种工作构成的组群，包括与专利输出、引进、融资、组合和实施工作相关的各项工作，主要有专利输出管理、专利引进管理、质押贷款管理、专利实施协助、专利组合管理和标准相关管理等名目。

2.4.1 专利输出管理

专利输出管理的工作内容主要是对企业作为让与人对外许可转让专利中的各种事务进行管理，包括评估输出必要性和输出风险，寻找和考察输出对象，选择输出策略和输出方式，确定输出价格以及签订和管理输出合同等事项。

2.4.2 专利引进管理

专利引进管理的工作内容主要是对企业作为受让人对接受许可转让专利中的各种事务进行管理，包括评估引进必要性和引进风险，寻找和考察引进对象，衡量技术消化能力，选择引进策略和引进方式，确定引进价格以及签订和管理引进合同等事项。

2.4.3 质押贷款管理

质押贷款管理的工作内容主要是对以专利权作为质物获得银行贷款过程中所涉及事务的管理，包括组织评估专利价值，签订质押贷款合同，办理质押贷款手续，对质押专利进行维持以及按时归还银行贷款等事项。

2.4.4 专利实施协助

专利实施协助的工作内容主要是对专利实施过程中的专利事务进行管理，具体地说是协助企业其他相关部门，做好市场调研、可行性论证、工艺设计、试验试制、标准确立、计划制定、批量生产和市场营销各环节中的专利工作，促进实施的顺利进行。

2.4.5 专利组合管理

专利组合管理的工作内容主要包括找出相关专利、挑选关键专利、评价加和效力、判断技术效果和确定组合方案。

2.4.6　标准相关管理

标准相关管理的工作内容主要是与技术标准、专利池和专利联盟相关的事务管理，包括促进核心技术进入技术标准和专利池；谋求企业成为专利联盟成员；管理专利池许可相关事务；提出企业有效摆脱标准限制和有效利用标准的战略方案和对策意见。

3　基础工作群组

3.1　制度建设群组

制度建设群组是由制度支撑平台建设的各种工作构成的组群，包括与专利战略规划、管理规章和表单方案工作相关的各项工作，主要有专利战略制定、管理制度建设、专项方案策划、表单系统建立、综合档案管理和战略实施管理等名目。

3.1.1　专利战略制定

专利战略制定的工作内容主要包括调研企业制定和实施专利战略的内外部环境；确定企业专利状况的总体定位和总体战略思想；拟定专利工作的总体性和阶段性战略目标；提出保障专利战略有效实施的策略、战术和手段等战略措施；并制定实现战略目标和落实战略措施的方法步骤和实施方案。

3.1.2　管理制度建设

管理制度建设的工作内容主要是制定企业专利工作的制度，包括制定总的专利管理办法或工作条例；制定具体的单项专利管理制度。

3.1.3　专项方案策划

专项方案策划的工作内容主要包括对特定工作主题进行分析研究，出具专项策划报告和策划方案，为相关决策和相关工作提供方向和路径。

3.1.4　表单系统建立

表单系统建立的工作内容主要是建立与战略实施和管理制度实施配套的表单系统。

3.1.5　综合档案管理

综合档案管理的工作内容主要是对专利奖酬、专利实施、专利资产评估、专利许可转让和专利纠纷等事务的文件档案进行管理。

3.1.6　战略实施管理

战略实施管理的工作内容主要包括组织实施企业战略规划，保持战略的稳定性；对实施进展进行跟踪、调查、研究和协调，及时反馈实施情况；在战略所依据的基础条件发生重大变化时，对战略内容作出及时调整。

3.2　条件保障群组

条件保障群组是由保障支撑平台建设的各种工作构成的组群，包括与专利机构、

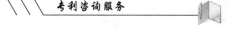

人员、资金和平台工作相关的各项工作，主要有组织机构建设、员工培训考核、服务机构遴选、专利资金筹措、管理平台建设和信息系统建设等名目。

3.2.1　组织机构建设

组织机构建设的工作内容主要包括设置专门的专利工作机构和工作人员，或者在企业的研发部门/法务部门配备专门的专利工作人员，为企业专利工作提供机构与人员保证。

3.2.2　员工培训考核

员工培训考核的工作内容主要是开展系统、规范、有效的专利培训，以及对员工在专利工作方面的业绩进行考核和奖惩。专利培训包括普及性培训、提高性培训和专门性培训等不同层次的培训。

3.2.3　服务机构遴选

服务机构遴选的工作内容主要包括采用实地考察或招标等方式挑选专利代理机构和专利咨询机构，聘请专利顾问或专利顾问机构，以构建出企业专利工作服务体系。

3.2.4　专利资金筹措

专利资金筹措的工作内容主要包括从企业内部争取专利工作经费，从各级政府争取专利资助资金和专利奖励资金，为企业专利工作提供足够的资金保障。

3.2.5　管理平台建设

管理平台建设的工作内容主要包括建设和维护集组织管理、在线服务和学习交流等功能于一体的综合性专利管理电子服务平台。

3.2.6　信息系统建设

信息系统建设的工作内容主要包括针对企业当前和将来可能涉及的产品或技术领域，收集世界各国和各专利组织机构的相关专利数据，建设企业专利信息系统，包括建立失效或无效专利数据库以及竞争者专利数据库等个性化专利数据库。

第3节　专利咨询的类别

企业专利工作的工作名目都可能成为专利服务的对象，即专利代理服务的对象或专利咨询服务的对象。而专利咨询服务项目十分丰富，其项目数量远超过专利代理服务。本节从专利咨询项目类别概述出发，对专利咨询的各服务类别和服务项目进行阐述。

1　咨询类别概述

在上节中，我们将企业专利工作名目按企业工作的方向分类到了各工作群组。它们中很多都是专利咨询服务的对象，与这些对象相关的服务项目即专利咨询项目。本书提及的专利咨询项目的名称是从咨询的角度命名的,这些名称与企业专利工作名目名称并不一一对应,专利咨询项目的工作内容可能是企业专利工作名目工作内容的一部分,也可能是多个企业专利工作名目工作内容的复合体。

专利咨询项目按咨询工作的性质可以分为信息咨询类、获权咨询类、攻防咨询类、交易咨询类和管理咨询类五个大类。

1.1 信息咨询类

专利信息在企业技术研发、专利申请、专利复审、专利无效、专利诉讼、专利风险规避、专利许可转让、专利资产评估、专利标准化和资本化运作以及企业并购和合资合作中都能发挥重要的作用,因此,专利信息是很多企业专利工作的基础,信息咨询类服务也就成为企业经常需要的咨询服务类别。

信息咨询类服务是指利用专利文献信息所提供的咨询服务,主要包括专利检索服务、专利分析服务和专利跟踪服务等项目。

1.2 获权咨询类

企业委托代理机构代理专利申请是十分普遍的事情,而企业为获得专利权所需要的服务往往又不限于专利申请代理,类似挖掘专利申请素材、规划和决策专利申请模式、类别、地域和时间等事务,往往需要专业的咨询服务,获权咨询类服务也就成为企业常常有需求的咨询服务类别。

获权咨询类服务是指为企业有效获得专利权所提供的咨询服务,主要包括专利挖掘服务、申请决策咨询、专利布局策划和授权前景预测等项目。

1.3 攻防咨询类

在商业竞争中,攻击与防御是企业经常需要面对的课题。由于专利是在各种知识产权中最具有攻击性的权利,企业利用专利的这一属性便可以使专利成为能随时发动攻击或进行反击的重要工具,攻防咨询类服务也就成为企业时常选择的咨询服务类别。

攻防咨询类咨询是指就专利攻击和专利防御所提供的咨询服务,主要包括专利预警服务、侵权风险分析、尽职调查服务、权利稳定性分析和专利组合策划等项目。

1.4 交易咨询类

专利权获得后,企业除靠自身实施创造价值外,还可以通过专利许可、专利转让、专利质押、专利入股和专利资产证券化等交易途径创造价值。由于交易客体的无形性、交易内容的复杂性、交易类型的多样性和交易范围的广泛性,专利交易中充满了许多纷繁复杂的问题、风险和不确定性,必须进行许多繁复的查证、分析和评估等工作,交易咨询类服务也就成为交易双方青睐和依靠的服务类别。

交易咨询类咨询是指围绕专利交易所需之查证、分析和评估所提供的咨询服务,主要包括专利资产评估、交易风险评估、交易合同咨询和权利有效性分析等项目。

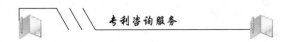#

1.5 管理咨询类

企业专利工作往往涉及专利战略、策略的制定与实施、专利管理体制的设计等高难度的管理工作内容，常常需要全方位的管理服务，管理咨询类服务也就成为企业所需的提供综合性管理服务的咨询类别。

管理咨询类服务是指就企业专利管理事务所提供的咨询服务，主要包括专利战略策划、制度建设咨询、专利托管服务和标准相关咨询等项目。

2 信息咨询类

2.1 专利检索服务

2.1.1 专利检索的概念

专利检索是专利文献检索的简称，指以获得有价值的经济、技术、法律等信息为目的的针对专利文献进行的检索活动。专利文献是指各国或地区专利局及国际性专利组织在审批专利过程中产生的官方文件及其出版物的总称。

按照检索依据和检索目的，专利检索可分为查新检索、专题检索、侵权风险检索、无效证据检索、抗辩证据检索、法律状态检索、同族专利检索和专利引文检索等多种检索类型。

专利检索是许多专利工作的基础，在企业专利工作的六大群组中用途十分广泛。

2.1.2 专利检索服务的内容

专利检索服务的内容虽然针对不同的检索类型会有所差异，但总体而言主要包括确定初步检索词、确定检索策略、获得检索结果、作出检索结论和撰写检索报告等事项。

专利检索服务可以广泛适用于企业专利信息分析、专利布局策划、竞争信息获取、申请事项决策、复审事务管理、无效事务管理、侵权风险管理、合作风险控制、诉讼事务管理、专利引进管理、专利组合策划、专利战略制定和信息系统建设等工作名目。

2.2 专利分析服务

2.2.1 专利分析的概念

专利分析是专利信息分析的简称，指从专利文献中采集专利信息，通过科学的方法对专利信息进行加工、整理和分析，转化为具有总揽性及预测性的竞争情报，从而为政府部门或企事业单位进行决策提供参考的一类科学活动的集合。按照分析目的和用途，专利分析可分为专利相关人分析、竞争者分析、地域分布分析、技术主题分析、技术功效分析、专利引证分析和技术生命周期分析等类别。

专利分析以专利检索为基础，是对专利文献更加深入的应用，许多企业专利工作名目都离不开专利分析。

2.2.2 专利分析服务的内容

虽然针对不同的分析类别在提供专利分析服务时内容有所不同，但一般会包括进行分析准备、采集样本数据、分析样本数据和撰写分析报告四个阶段的工作。

分析准备阶段有研究背景资料、确定分析目标和选择分析工具等工作内容；数据采集阶段有拟定检索策略、获取检索数据和形成样本数据库等工作内容；数据分析阶段有清洗数据、聚集数据和解读信息等工作内容。

专利分析服务对企业专利信息分析、专利布局策划、申请事项决策、专利预警分析、专利引进管理、专利组合策划、专利战略制定和信息系统建设等都有着十分重要的作用。

2.3 专利跟踪服务

2.3.1 专利跟踪的概念

专利跟踪是专利信息跟踪的简称，指根据跟踪目的，利用计算机检索和市场调研等手段，就特定主题或特定主体的专利相关状况进行跟踪监控的行为。

从专利跟踪的定义可以看出，专利跟踪可以分为特定技术主题跟踪和特定竞争对象跟踪两种类型。

专利跟踪有助于适时了解所跟踪主题或主体的变化情况，为委托人及时调整相关决策和从技术上制约竞争者提供依据。

2.3.2 专利跟踪服务的内容

专利跟踪服务的内容主要包括明确技术主题和竞争者，定期进行专利检索和市场调研，建立信息数据库和定期撰写跟踪报告等工作事项。

专利跟踪通过对特定地域相关专利信息的跟踪分析，发现现实的竞争者，挖掘潜在的竞争者，了解竞争者的战略意图、技术特点和状况、市场经营活动和技术合作动向等。

企业在开展以下工作时常常需要专利跟踪服务：竞争信息获取、专利布局策划、申请事项决策、无效事务管理、专利预警分析、合作风险控制、诉讼事务管理、专利引进管理、专利组合策划、专利战略制定和信息系统建设等。

3 获权咨询类

3.1 专利挖掘服务

3.1.1 专利挖掘的概念

专利挖掘是站在专利的视角，对纷繁的技术成果进行剖析、拆分、筛选以及合理推测，进而得出各技术创新点和专利申请技术方案的过程。

专利挖掘是一种技巧性很强的创造性活动，一般而言，专利挖掘的途径有从项目任务出发和从创新点出发两种。不论哪种途径，其目的都是通过寻找技术创新点形成

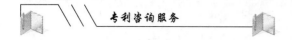

第1章

可用于申请专利的技术方案。

专利挖掘在企业专利工作中具有避免出现保护漏洞、促进专利保护网建立和提供研发思路和方向等多种作用。

3.1.2　专利挖掘服务的内容

从项目任务出发的专利挖掘，其服务内容主要包括从完成项目任务的技术构成因素出发，对研发的方方面面进行盘点，找出各层面的技术要素，得到各层面的技术创新点，根据创新点总结技术方案。

从创新点出发的专利挖掘，其服务的内容主要包括按照专利制度的要求和专利申请的条件，围绕某些创新点进行研究，通过关联因素寻找其他创新点，根据创新点总结技术方案。

专利挖掘服务对企业申请素材挖掘、交底材料整理、申请事项决策、申请事务管理、专利布局策划、研发进展监控和创意提案管理等具有较强的支撑作用。

3.2　申请决策咨询

3.2.1　申请决策的概念

申请决策是指针对正在进行的或已经完成的发明创造，从专利的角度判断是否应当申请专利以及如何申请专利的行为。

申请决策是企业对已有技术成果采取何种保护方式进行专利保护的重要依据，是企业有效开展专利申请活动必不可少的环节。

3.2.2　申请决策咨询的内容

申请决策咨询的内容一般包括对企业已经完成的或者正在构思及试验中的发明创造，给出是否申请专利、申请何种专利、何时申请专利、在哪些国家或地区申请专利，以及是否提前公开等的咨询意见，协助企业作出申请与否决策、申请类型决策、申请时机决策、申请地域决策和提前公开决策。

申请决策咨询可以直接服务于企业申请事项决策、专利布局策划、申请事务管理和代理机构管理等工作名目。

3.3　专利布局策划

3.3.1　专利布局的概念

专利布局有广义和狭义之分。通常所说的专利布局是指狭义的专利布局，即是指对某一技术主题的专利申请进行系统筹划，以形成有效排列组合的精细布局行为。

专利检索、专利分析和专利布局是启动理性研发前重要的三部曲，即首先围绕某一技术主题进行专利检索，然后根据专利检索的数据进行专利分析，最后根据专利分析结果进行专利布局。由此，专利布局方案便可以用于指导研发的方向。因此，专利布局是启动理性研发前必须进行的工作，那些认为专利布局仅是研发完成后提交申请前的工作的看法是对专利布局的误解。当然，专利布局是在研发始末和申请始末都可以进行的工作，比如在研发完成后提交申请前，也可以按照专利布局的思路系统布置专利申请。

专利布局的实施可以有效避免研发的随意性，有利于有计划有系统地引导研发活动。

3.3.2　专利布局策划的内容

专利布局策划的内容主要由设定研发主题、检索专利文献、进行专利分析和策划布局方案四个阶段的工作组成。其中，在策划专利布局方案时首先要对特定技术领域的专利进行深层剖析，找出拟研发课题最关键的技术部位之所在；在找出关键技术部位后，要根据拟定研发课题最关键与最核心的技术部位找出专利弹着区；在找出关键弹着区后，要选择合适的专利布局模式，并草拟初步布局方案；获得草拟布局方案后，要在分析规避可能性的基础上调整初步布局方案，从而确定最终的布局方案。

企业专利布局管理是专利布局策划的直接客体，企业研发进展监控、申请事项决策、无效事务管理和专利战略制定等工作名目中也常常需要专利布局策划。

3.4　授权前景预测

3.4.1　授权前景的概念

授权前景是指某一专利申请在专利审查程序中被授予专利权的可能性大小。

在向外申请专利、了解竞争者动向和对外技术合作中，企业往往考虑本企业、竞争者或合作对象之特定专利申请的授权前景。

3.4.2　授权前景预测的内容

授权前景预测的工作内容主要包括按新颖性检索方式检索专利文献和非专利文献；挑选出与预测对象技术方案最相关的文献；按申请国专利审查标准判断预测对象技术方案的三性和是否存在其他可被驳回的缺陷；以及撰写授权前景预测报告等事项。

授权前景预测可以为企业侵权风险管理、合作风险控制、专利输出管理、专利引进管理和专利战略制定等工作提供一定的依据。

4　攻防咨询类

4.1　专利预警服务

4.1.1　专利预警的概念

专利预警是针对专利风险提前发布警告的行为。就预警目的而言，可以分为广义的专利预警和狭义的专利预警。

广义的专利预警是指对各种可能发生的专利风险提前发布警告，并制定应对预案，以维护特定主体利益和最大限度减少其损失的行为。这里所说的专利风险包括科技贸易、投资合作和生产销售等活动中潜在的各类专利风险，比如专利侵权风险、专

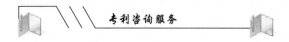

利合作风险、专利交易风险，专利权属纠纷风险、专利权利有效性风险和专利权利稳定性风险等。这里所说的特定主体包括国家、行业和企业等主体。

狭义的专利预警是指对可能发生的专利侵权风险提前发布警告，并制定应对预案，以维护相关主体利益和最大限度减少其损失的行为。这里所说的特定主体主要指企业。人们通常所说的专利预警是指狭义的专利预警，本书的阐述亦围绕狭义的专利预警展开。

按照预警目的，企业专利预警可分为新产品销售前的专利预警、新工艺使用前的专利预警和新市场开拓前的专利预警。

专利预警是企业规避专利侵权风险的有效途径。

4.1.2 专利预警服务的内容

专利预警服务的内容主要包括以下事项：研究分析拟销售产品或者拟使用技术的技术领域和技术方案；按侵权风险检索的检索方法进行检索；依据检索结果找出授权的障碍专利和处于审查中的潜在障碍专利；依据目标市场专利侵权判定原则进行侵权风险分析；依据预警对象的技术方案作出权利稳定性分析、提出规避方案和应对措施；提出出现侵权纠纷时的应急预案；并撰写预警分析报告。

专利预警服务是一项综合性很高的服务类别，其中涉及专利检索、专利分析、权利稳定性分析等多种类型的咨询服务内容，在企业侵权风险管理、合作风险控制、无效事务管理、诉讼事务管理、专利输出管理、专利引进管理、专利实施协助和专利战略制定等名目中具有广泛的用途。

4.2 侵权风险分析

4.2.1 侵权风险的概念

侵权风险是指企业的生产经营行为侵犯特定已授权专利之专利权或将授权专利申请之专利权的可能性。

侵权风险在企业制造、使用、销售、许诺销售和进口等活动中都可能出现，是企业生产经营中必须重视的问题。

4.2.2 侵权风险分析的内容

侵权风险分析的内容主要是将企业生产经营的实际行为（比如实际使用的生产工艺和实际生产销售的产品）与疑似专利进行比较，依据专利侵权判定原则，分析判断侵权风险是否存在和侵权风险的大小，并提出应对策略和应对方案。

侵权风险分析可以是专利预警服务的一个步骤，也可以是一项单独的咨询项目，比如提起诉讼前或被控侵权后的侵权分析咨询。因此，侵权风险分析除可以服务于企业侵权风险管理外，还可以服务于企业专利布局策划、专利组合策划、无效事务管理、诉讼事务管理、专利实施协助和专利战略制定等工作。

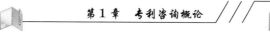

4.3 尽职调查服务

4.3.1 尽职调查的概念

专利尽职调查是指通过收集和分析相关专利信息，对企业在运营、并购、上市或交易等活动中是否存在相关的专利风险问题及受益机会进行分析判断，提供企业决策参考依据的行为。

专利尽职调查可以有效降低或规避企业在重大经济活动中潜在的专利风险，为企业重大经济活动的顺利进行提供保障，避免因专利问题给企业带来较大的经济损失。

4.3.2 尽职调查服务的内容

专利尽职调查服务的内容主要包括依据相关法律法规的规定，通过查阅并验证权属证明文件、进行计算机检索、咨询相关机构、开展市场调查、查询专利公报和索取专利登记簿副本等途径，从权利证明文件、许可转让协议及其登记备案文件、涉及专利纠纷的文档以及相关人员就相关问题的说明等文件资料出发，经过分析研究，得出技术自由运作权、专利权利可靠性（即权利有效性和权利稳定性）、专利权权利可执行性、目标公司专利纠纷及潜在专利纠纷状况等的结论，其中权利有效性包括专利权利人、专利权利状况与权利期限、专利许可转让状况等内容。

专利尽职调查服务常常是企业合作风险控制、侵权风险管理、无效事务管理、诉讼事务管理、专利输出管理、专利引进管理和专利实施协助等工作中所需要的专利咨询项目。

4.4 权利稳定性分析

4.4.1 权利稳定性的概念

权利稳定性是指某一专利在无效宣告程序中被宣告无效的可能性大小。

为有效遏制竞争者和有效对外开展技术合作，特定专利的权利稳定性常常是企业必须考虑的问题。

4.4.2 权利稳定性分析的内容

权利稳定性分析的内容主要包括按无效证据检索方式检索专利文献和非专利文献；挑选出与分析对象技术方案最相关的文献；根据专利审查标准判断分析对象技术方案的三性；判断分析对象是否存在其他可被无效的缺陷；以及撰写权利稳定性分析报告等事项。

权利稳定性分析可以为企业无效事务管理、诉讼事务管理、侵权风险管理、合作风险控制、专利输出管理、专利引进管理和专利战略制定等工作提供支持。

4.5 专利组合策划

4.5.1 专利组合的概念

专利组合是指针对某一技术主题，将企业内部专利和外部关键专利汇集起来构成抵御规避设计之专利群组的行为。

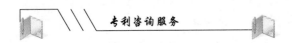

事实上，专利组合与专利布局是本质上相同的事务，区别仅在于专利布局的对象是以企业本身的研发资源为基础，整合外部研发资源所规划的专利群组，而专利组合的对象则是以企业本身的专利资源为基础，整合或不整合外部专利资源所运用的专利群组。即专利布局是专利获权前的规划，专利组合则是专利获权后的运用。因此，专利组合有时候也称为专利布局，在实际使用中没必要严格区别二者到底有多少差异。

4.5.2 专利组合策划的内容

尽管专利组合与专利布局略有不同，但两者的工作内容和工作模式基本相同。在找出相关专利、挑选关键专利、评价加和效力、判断技术效果和确定组合方案的过程中，都可以借鉴本书对专利布局的阐述。

企业专利组合管理是专利组合策划的直接客体，企业在侵权假冒监控和标准相关管理等工作中也常常需要专利组合策划。

5 交易咨询类

5.1 专利资产评估

5.1.1 专利资产评估的概念

专利资产评估是指依据相关法律、法规和资产评估准则，对专利资产的价值进行分析和估算，并给出专业意见的行为。专利资产评估也就是专利资产价值评估，也可以称为专利价值评估。

专利资产评估是企业运用专利资产的重要依据，在企业所涉及的专利交易、质押贷款、合资合作、清算并购和诉讼纠纷中具有广泛的用途。

5.1.2 专利资产评估的内容

专利资产评估的内容是根据特定目的，遵循相关法律、法规和资产评估准则，运用市场法、收益法或成本法，对专利资产价值进行估算，给出专利资产的价值。

市场法、收益法和成本法是国际评估通用的三种方法，也是国家财政部颁发的《资产评估准则》所规定的专利资产评估方法。

专利资产评估主要服务于合作风险控制、专利输出管理、专利引进管理和质押贷款管理等企业专利工作名目。

5.2 交易风险评估

5.2.1 交易风险的概念

专利交易风险是指在专利交易复杂的内外环境中，某些因素引发损失发生的可能性。

专利的专有性、地域性、时间性和无形性，专利权的可转让性，专利技术价值的不确定性，交易标的技术状况，交易双方的技术实力、资金实力、设备水平、资源状况和管理能力，政策因素和市场因素等都影响着专利交易，使得专利交易的实现过程

异常复杂，在法律上、技术上、市场上、经济上和管理上充满了多种风险，这些风险对企业往往十分关键，是企业必须妥善处理的问题。

5.2.2　交易风险评估的内容

交易风险评估的内容概括地讲是对专利许可转让交易过程中法律上、技术上、市场上、经济上和管理上的各种风险进行分析评估。就专利咨询机构而言，其所擅长的主要是法律上和技术上的风险评估。其中法律风险评估主要就特定专利的权利有效性、权利稳定性、侵权风险、让与人主体资格和交易合法性等进行分析评估；技术风险评估主要就特定专利的技术先进程度、技术可替代程度和技术发展阶段等进行分析评估。

交易风险评估在企业合作风险控制、专利输出管理、专利引进管理和质押贷款管理等涉及专利交易的工作中起着很重要的作用。

专利交易中的法律风险评估有利于预防侵权争议、控制合同风险、防止专利欺诈、避免投资浪费、降低交易费用和提高交易质量。可是由于历史的原因，在有关专利交易的机会研究和可行性研究中，多数人只考虑国家政策，以及技术上、市场上、经济上的可行性，很少有人从专利的角度考虑法律上可行性的，而这恰是交易风险评估要解决的重要问题之一。

5.3　交易合同咨询

5.3.1　交易合同的概念

交易合同是交易双方为完成交易所签订的书面合同。

在专利实施许可、专利权转让和专利申请权转让等交易活动中，专利交易合同是必不可少的法律文件。

5.3.2　交易合同咨询的内容

交易合同咨询的内容主要有审核主体资格和审核合同条款两个方面。其中审核主体资格主要看让与人是否是合法的专利持有人，审核合同条款是交易合同咨询的主体内容。

审核合同条款时，不仅要逐条分析已有条款，尤其是交易标的条款、风险责任条款、价款报酬条款和争议处理条款等重要条款，还要对需要修改、增加或删除的条款给出咨询意见。当然，在很多情况下的交易合同咨询是起草或修改交易合同，此时所遵循的原则与审核交易合同一样。

交易合同咨询的目标是对专利交易中的合同风险进行有效控制，将委托人在专利交易中的合同风险降到最低。交易合同咨询的主要服务对象是合作风险控制、专利输出管理、专利引进管理和质押贷款管理等企业专利工作。

5.4　权利有效性咨询

5.4.1　权利有效性的概念

权利有效性是指专利权对特定对象是否有效，即专利权在特定地域是否失效，是

第1章

否属于特定对象所有。

在授权后超过保护期限专利权会自动失效，不缴、漏缴或未足额缴纳年费会导致专利权丧失，专利权转让会导致权利人变更，即使特定对象持有专利证书，对其而言专利权也未必有效，也就是说专利权对特定对象存在失效的可能性，因此，企业在对外合作等情况下，常常需要注意专利权的权利有效性问题。

权利有效性和权利稳定性统称为权利可靠性，两者的区别在于权利有效性分析是对一项专利是否处于法律意义上的"有效"状态作出的判断，其所针对的是特定专利的法律状态，其结果具有唯一性和确定性；而权利稳定性分析是对一项处于"有效"法律状态的专利是否存在被动失效的风险作出的判断，一定程度上可以认为权利有效性分析是权利稳定性分析的前置程序。相比权利有效性分析的结果而言，权利稳定性分析的结果具有一定的主观性，并且即使经过分析发现存在影响专利权稳定性的理由和证据，只要未经相关主管部门审查并作出无效决定，该专利就仍然是有效的。

5.4.2 权利有效性咨询的内容

权利有效性分析的内容主要包括调研分析对象的最新法律状态，取得专利登记簿副本，由此得出针对特定对象而言专利权利是否有效的结论，并出具权利有效性咨询报告。对专利权虽然有效，但已逾期未缴纳年费的情形，咨询报告中需如实载明。

企业在开展合作风险控制、专利输出管理、专利引进管理、维持放弃管理和诉讼事务管理等工作时，往往会需要专利咨询机构提供权利有效性分析服务。

6 管理咨询类

6.1 专利战略策划

6.1.1 专利战略的概念

专利战略是指利用专利制度规则，获得和保持市场竞争优势和最佳经济效果的总体性谋划。专利战略包括国家、地方、行业和企业等几个层面的战略。

企业专利战略包括企业管理层面的专利战略和企业技术层面的专利战略。管理层面的专利战略涉及企业经营管理中专利工作的总体规划和部署，技术层面的专利战略涉及企业某项或某些关键技术创造、运用、保护和管理的策略和手段。一般所说的企业专利战略是指企业管理层面的专利战略。

企业专利战略是企业专利工作的纲领和灵魂，其以提高企业核心竞争力为目标，谋求提高企业利用专利制度的能力，能够指导企业专利工作的方方面面，涵盖专利创造、运用、保护和管理各方面的策略和手段。

6.1.2 专利战略策划的内容

专利战略策划的内容主要包括在充分调研战略背景的基础上，依据战略背景提出战略思想；依据战略思想确定战略目标；依据战略目标拟定战略措施；依据战略措施确定明确战略步骤；最后撰写战略报告。

专利战略策划不仅可以直接服务于企业专利战略制定工作，而且是企业管理制度建设、战略实施管理、组织机构建设和管理平台建设等工作不可或缺的专利咨询服务类别。

6.2 制度建设咨询

6.2.1 制度建设的概念

制度建设是制定符合企业实际的计划、组织、协调和控制专利工作的管理制度的行为。

专利管理是专利工作的核心内容之一，专利管理的顺利进行，有赖于完善的专利管理制度的建设。

6.2.2 制度建设咨询的内容

制度建设咨询的内容是指为企业建立涉及创造、运用、保护和管理专利的总的专利管理办法或工作条例，以及具体的专利管理制度。

具体的专利管理制度包括研发促进、申请管理、权益维护、权利运用、制度建设和条件保障六大方面的各种制度，比如信息利用制度、研发管理制度、专利申请制度（含申请素材评审制度、申请文件质检制度、向外申请制度）、代理机构管理制度、风险控制制度、许可转让制度、合同管理制度、维持放弃制度、权利维护制度、奖惩考核制度、教育培训制度、档案管理制度，以及保密制度、商业秘密管理制度和创新创意提案管理制度等。

企业专利管理制度的类别不胜枚举，任何企业都不能面面俱到，制度建设咨询所要解决的核心问题是按委托人的实际状况，确认需要建立何种具体制度以及如何建立这些具体制度。

企业管理制度建设是制度建设咨询的直接服务对象，表单系统建立、综合档案管理、组织机构建设和员工培训考核等企业专利工作常常也需要制度建设咨询的支持。

6.3 专利托管服务

6.3.1 专利托管的概念

专利托管是指企业委托专业的专利服务机构管理其全部或部分专利及专利相关事务的工作模式。

专利托管包括完全式托管、顾问式托管和专项式托管等不同的类型。企业的规模和性质、专利事务工作量、专利工作水平等差异很大，服务机构的规模和水平也参差不齐，企业在进行专利托管时应选择不同的托管类型。

专利托管是专利服务机构服务企业的重要模式，对于充分利用专利人才资源，提升企业专利工作的效率和水平具有重要意义。

6.3.2 专利托管服务的内容

专利托管服务的内容主要包括调研并确定企业工作阶段、分析并制定托管工作方

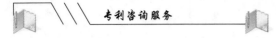

案、实施并跟踪托管工作状况。

专利托管服务不是"专利代理＋专利咨询"服务的简单组合，专利服务机构需要在事务处理中采用"全方位、个性化"的托管工作思路，遵循"深入调研、整体把握、量身定制、互动高效"的托管工作原则，以企业主人翁的心态，为企业量身定制托管工作方案，力求与企业互动，高效率地开展各项托管工作。

专利托管服务的适用对象十分广泛，在企业专利工作的六大群组中都能发挥重要作用。

6.4 标准相关咨询

6.4.1 标准相关的概念

与标准密切相关的概念有专利池和专利联盟。标准是指对活动或其结果所规定的共同的和重复使用的规则、导则或特性文件；专利池是指围绕某一技术主题的核心专利的集合体；专利联盟则是指产业内多个成员为发挥专利能量累加和协同作用，共同达到某种商业目的或应对某种商业形势而结盟所形成的联盟。

现代社会技术标准和专利的结合日益密切，专利池日益成为技术标准实施的平台，而专利联盟又往往是专利池，甚至是技术标准的载体。三者的紧密结合赋予了专利更强的市场支配力量，同时也增加了专利滥用的危险。

6.4.2 标准相关咨询的内容

标准相关咨询的内容主要是针对技术标准、专利池和专利联盟相关事务的咨询，包括专利池组建与管理咨询、专利池收费应对咨询、标准组织和专利联盟加盟事务咨询等。

在专利池组建与管理事务中，主要就如何组建技术联盟、评估必要专利、制定许可政策、设立管理机构和收取许可费用等事项提供方案；在专利池收费应对咨询中，主要就专利池被许可人如何利用相关法律，通过自主创新和专利布局，发挥行业协会、企业联盟和政府机构的作用来应对不合理收费和反制专利池滥用等事项给出意见；在标准组织和专利联盟加盟事务咨询中，主要就企业如何加入标准组织和专利联盟，将自身专利与标准及专利池规则相结合，参与（甚至主导）技术标准的制订等事项提出建议。

标准相关咨询主要服务于企业专利工作中的标准相关管理，是一项难度较大、要求很高的专利咨询项目。

由以上叙述可以看出，专利咨询服务的类目繁多，作用各不相同。根据实践中的需求状况，本书第2章至第5章专门就信息咨询类的专利检索服务和专利分析服务，攻防咨询类的专利预警服务以及管理咨询类的专利战略策划，独立成章进行系统地阐述。此外，在第6章中也对尽职调查服务、专利资产评估和交易合同咨询这几类常见咨询服务项目的概念、内容和程序等做了较为详细的介绍。

第2章 专利检索服务

专利检索服务是专利分析服务等许多专利工作和专利咨询服务的基础，因此专利检索服务是一种最基础的专利咨询服务类型。本章从专利检索的概念出发，重点介绍专利检索策略制定的思路和方法、专利检索数据库以及各种类型专利检索的方法。

第1节 专利检索概述

专利检索是以专利文献为检索对象的检索活动，有多个类别并有较为通用的程序。本节主要介绍专利检索的概念、专利检索的类别和专利检索的程序。

1 专利检索的概念

1.1 专利检索的定义

专利检索指以获得有价值的经济、技术、法律等信息为目的的针对专利文献进行的检索活动。

专利检索针对公开的专利文献展开，公开的专利文献主要有各种类型的发明、实用新型说明书，各种类型的发明、实用新型、外观设计公报、文摘、索引，以及有关的分类资料。

专利文献具有较为鲜明的特点，专利检索中需要充分考虑专利文献的各种特点。

1.2 专利检索的影响因素

专利检索是一项复杂的工作，受多个因素影响，如专利检索数据库、检索类型、检索方法、筛选准则、检索经验等。

专利检索数据库收录了可供检索的专利文献数据，为专利检索提供物理支持，专利检索数据库的完整性、准确性、数据更新的及时性、检索字段、浏览界面等，直接影响检索结果的准确性和完整性。常用专利检索数据库参见本章第3节。

专利检索方法是从专利检索数据库中获取相关专利的途径和程序，不同类型检索的方法有所差别，具体参见本章第4节。

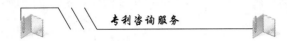

2 专利检索的类别

2.1 按检索目的分

按专利检索的目的不同，可以将专利检索划分为：

2.1.1 查新检索

查新检索是指针对某一技术方案，寻找评价其新颖性或创造性文献的检索。

2.1.2 专题检索

专题检索是指围绕某一技术主题或者特定专利申请人或发明人，找出与其相关专利文献的检索。❶

2.1.3 侵权风险检索

侵权风险检索是指针对产品或工艺的技术方案，在生产国或目标销售国寻找产品或工艺可能落入其保护范围之专利的检索。

2.1.4 无效证据检索

无效证据检索是指针对已获权专利的权利要求，寻找证明其不具备授权条件之文献的检索。

2.1.5 抗辩证据检索

抗辩证据检索是指针对目标产品或工艺，寻找与其最相关的、能够证明其属于现有技术的文献的检索。

2.1.6 法律状态检索

法律状态检索是指依据文献号或专利号，从专利文献中找出相关信息，从而确定其法律状态的检索。

2.1.7 同族专利检索

同族专利检索是指查询具有共同优先权的在不同国家或国际专利组织多次申请、多次公布或批准的内容相同或基本相同的一组专利文献的检索。

2.1.8 专利引文检索

专利引文检索是指查找某一专利引用的其他专利文献以及被其他专利文献所引用情况的检索。

2.2 按检索要求分

按检索要求不同，可以将专利检索划分为：

2.2.1 查准类检索

查准类检索以寻找影响技术方案的新颖性或创造性的文献为目标，查准类检索通常用于专利申请前或申请中的查新检索、专利授权后的无效证据检索、侵权过程中的

---

❶ 北京路浩知识产权代理有限公司，等. 企业专利工作实务 [M]. 北京：知识产权出版社，2009.

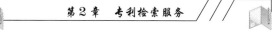

抗辩证据检索。查新类检索也称为专利性检索。

2.2.2 查全类检索

查全类检索以寻找同一技术领域同一技术主题的文献为目标，通常包括专题检索、侵权风险检索。

3 专利检索的程序

专利检索通常包括以下五个步骤：进行检索准备、制定检索策略、获取检索结果、筛选相关文献及撰写检索报告。

3.1 进行检索准备

检索前准备是专利检索程序后续各步骤的基础，其主要工作包括确认委托人需求、进行技术和法律调研、选择专利检索数据库等。

3.1.1 确认委托人需求

在检索前的准备工作中，需要深入地与委托人进行沟通以了解委托人检索需求。在初步了解委托人检索需求后，通常还需要对委托人需求的背景以及需求的目的进一步进行细化和解析，以便选择相应的检索类型。

3.1.2 进行技术和法律调研

技术调研通常包括与委托人进行书面或者口头的技术沟通，以及阅读相关技术文献。技术调研的范围包括相关技术的技术领域、技术现状、技术发展、技术方案。技术调研的目的在于将委托标的划分为多个适于检索、分析的技术主题，为制定检索策略做准备。

法律调研的范围包括调研相关国家的知识产权制度，包括申请授权制度以及侵权制度。

3.1.3 选择专利检索数据库

选择检索数据库应考虑检索的类型、检索的时间范围和地域范围等因素。专利检索数据库的选择体现在地域国别、申请/授权、有效/失效、发明/实用新型/外观设计、全文/摘要、公用/商用等各方面。同时，还要考虑数据库本身的检索字段、浏览、下载等功能设置情况。

3.2 制定检索策略

检索策略是整个专利检索过程中非常重要的一个环节，检索策略的制定恰当、全面与否，直接影响检索结果的全面准确。

制定检索策略包括：确定检索要素、表达检索要素及构建检索式等步骤。

3.2.1 确定检索要素

检索要素包括关键词和分类号等。确定检索要素是制定检索策略的基础。一般地，确定检索要素时需考虑技术领域、技术问题、技术手段和技术效果等方面。

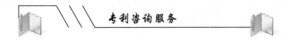

3.2.2 表达检索要素

一旦确定了检索要素，则要进行检索要素表达。检索要素的表达通常包括两种，一种为关键词表达，一种为分类号表达。对于化学产品，还包括化学结构式等的表达。检索要素表达的思路和方法将在下节具体阐述。

3.2.3 构建检索式

在检索要素表达的基础上，需要利用逻辑运算符将多个检索要素组配在一起构建检索式。检索式构建思路和方法将在下节具体阐述。

3.3 获取检索结果

实施检索过程中需要首先进行尝试性检索，然后对检索结果大致浏览后，补充可能的关键词和分类号，对之前制定的检索策略进一步修正和完善。在实施检索中要确保检索策略是一个不断调整的动态过程。检索中还要同时考察检索结果的查全率和查准率等情况以便动态调整检索要素/检索式，并获取检索结果。

3.4 筛选相关文献

在筛选信息的过程中，筛选准则的确定是非常重要的环节，应根据不同的检索类型确定不同的筛选准则。例如侵权风险检索的筛选以筛选权利要求保护的方案覆盖待检技术方案或技术特征为准，查新检索的筛选以申请文献全文是否全部或部分公开了待检技术方案或某些技术特征为准，而专题检索的筛选应重在寻找特定技术领域的与待检索技术主题相关的文献。

3.5 撰写检索报告

报告一般根据委托人需求的样式或通用样式进行撰写。报告所需包括的内容应在检索前准备中约定。

报告也可以是在检索结果的基础上展开满足委托人需求的分析，例如专题的定量和定性分析以及侵权风险分析，并根据上述分析结果给出委托人对策建议以及战略策划方案等。报告的撰写在各种专利检索中是不同的。

第2节　检索策略制定

如上节所述，制定检索策略包括确定检索要素、表达检索要素和构建检索式等步骤。本节重点阐述表达检索要素和构建检索式两个步骤的思路和方法。

1 表达检索要素

检索要素的表达通常包括关键词表达和分类号表达。

1.1 关键词表达

关键词表达基于语言，具有多样性、复杂性、指向模糊等特点，单纯应用关键词表达通常会产生一些噪音。例如 ABS 可以是汽车防抱死系统或者化合物丙烯腈 – 丁二烯 – 苯乙烯。Retarder 可以是迟滞剂或者缓速器。

在确定关键词表达的时候，应当调研本领域的专利文献和非专利文献。在调研专利文献的时候，其中一种方式是利用比较明确的一个或几个分类号，或者利用在某些技术领域集中的申请人或者研发技术领域集中的发明人等检索入口输入到检索数据库中，阅读其中的一些相关专利文献，记录其中的关键词表达。此外，通过网络途径或者文献期刊数据库获得非专利文献，并记录相关的关键词表达。

在确定关键词表达时应考虑以下因素：

① 不同申请人针对一个技术术语存在不同的表达。因此在选取关键词时，应当考虑该技术术语的同义词、近义词、反义词、俗称、别名、缩略语。例如，"三维"又可以表达为"立体"或者是"3D"；摆动在英文文献可以表达为"swivel"或"pivot"等。

② 专利文献中存在不同逻辑层级的表达——上位概念、下位概念，确定关键词时需要考虑。例如，IGBT 在权利要求、题目、摘要中的表达可能为"半导体器件"或者"半导体装置"，而"拖把"的上位概念可能是"清洗装置"或"擦洗装置"等类似的表达。

③ 不同国家、地区针对同一技术术语存在不同的表达。例如在台湾地区"存储器"表达为"记忆体"，"激光"表达为"镭射"。

④ 还要考虑该技术术语的不同翻译方式。例如"disc brake"存在"盘形制动器""盘式制动器""盘式制动装置"等多种翻译方法。

⑤ 在检索外文文献的时候，外文的关键词表达要考虑词性——动词、动名词、名词等变化，单复数、拼法、缩略语等。"verify"的其他词性包括名词"verification"、动名词"verifying"等。

⑥ 关键词的表达由于中英文检索的不同也会不同。例如中文检索中很难提取和表达出的关键词，有可能在英文检索中由于语言特点会存在比较容易获得的关键词。反之亦然。因此在不同的语种下，某一检索要素的关键词表达是否作为构建检索式的重点也是不同的。例如，表达 A 位于 B 的上方的位置关系在中文专利文献中存在多种表达如"在……上""位于……的上方"，此时中文关键词表达较难提炼，而英文关键词表达则会准确地提炼为"over"。

⑦ 在确定关键词表达之后，按照重要程度可将不同的关键词划分重要关键词和外围关键词。重要关键词是指向相对比较准确，产生的文献相关度较高，但是数量较少的关键词。外围关键词是指向相对模糊，产生的文献相关度较低，但是数量较多，噪音相对较大的关键词。重要关键词的作用在于快速寻找到相关度较高的文献、但是会因此过滤掉一些相关的文献。外围关键词的作用在于提高文献的查全率。例如，在检索安全口罩的相关专利时，"口罩""面罩"以及"呼吸元件"为重要关键词，而

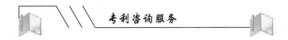
"呼吸装置""过滤件"以及"呼吸器"为外围关键词。

1.2 分类号表达

分类号表达是检索要素的另一种表达方式。分类号是按照技术领域标注出能体现出发明和实用新型的发明信息的技术识别码。分类号基于统一的分类体系,同样的技术主题具有同样的分类号。与关键词表达相比,分类号表达具有指向性明确,独立于语言和表达形式的特点。利用分类号表达能找到期望主题相关的同类技术领域文献。

目前经常用到的分类号体系包括 IPC 分类号、ECLA 分类号、UC 分类号以及 F - Term分类号体系等四种分类号体系。

以下以 IPC 分类体系为例说明分类号表达确定的方式。IPC 确定的途径包括两种:一种是统计方法确定 IPC 分类号,另一种是查询 IPC 分类表确定 IPC 分类号。

(1)统计方法确定 IPC 分类号

统计方法确定 IPC 分类号是指在正确理解申请的主题的基础上,用比较明确的一个或几个关键词,或者利用在某些技术领域集中的申请人或者研发技术领域集中的发明人等检索入口输入到检索数据库中,通过计算机检索来确定 IPC 分类号。其中利用关键词检索入口来确定 IPC 分类号是最主要的方式。

在输入确定的"关键词"或者申请人/发明人之后,在机检数据库中进行检索和统计分析,尽可能准确、全面地确定 IPC 分类号。

统计方法确定 IPC 分类号的优点在于能够快速确定常用的前几位分类号。

统计方法确定 IPC 分类号很重要,因为它反映了实际的分类情况。例如,在检索冰箱的铰链门的相关申请的时候,可能会发现部分冰箱的铰链门的分类号集中于 E05D7(用于固定建筑的门)。

(2)分类表确定 IPC 分类号

利用分类表来确定 IPC 分类号有两种方式,第一种是计算机查询方式,输入关键词来查询可能的 IPC 分类号。例如在正确理解申请主题的基础上,用比较明确的一个或几个关键词,例如部件名称的关键词、功能或应用的关键词来查询 IPC 分类号。该方法由于所使用的关键词的限制,仅仅能协助确定有限的几个 IPC 分类号。第二种是阅读 IPC 分类表来确定分类号。该方式要求熟悉 IPC 分类表以及 IPC 分类原则,以找到相关的多个分类位置,需要考虑功能分类号表达、应用领域分类号、整体分类号以及部件分类号等。

2 构建检索式

最常用的检索式构建方式是块检索(如表 2-1 所示)。块检索提供了不同检索要素之间的运算,是各种类型检索的基础。除了块检索以外,还可以进行追踪检索,例如申请人追踪检索和发明人追踪检索等。

可以利用确定出的检索要素中的全部进行全要素表达或部分进行部分要素表达。

2.1　组配方式

在构建包括两个及以上的检索要素时，可以块检索的方式构建检索式。选择出两个检索要素 A、B 之后，将涉及检索要素 A 的分类号和关键词的两种检索结果以逻辑或运算的关系合并，作为针对检索要素 A 的检索结果；将涉及检索要素 B 的分类号和关键词的两种检索结果以逻辑或运算的关系合并，作为针对检索要素 B 的检索结果；然后将上述针对检索要素 A、B 的检索结果以逻辑与运算的关系合并，即可获得所有的包括检索要素 A、B 的检索结果，块检索的检索要素表如表 2 - 1 所示：

表 2 - 1　检索要素表

检索要素	检索要素 A	检索要素 B
关键词		
IPC		

在实际检索过程中，可以根据具体情况采用以下一种或者多种不同方式进行检索。

（1）要素 A 分类号和要素 B 关键词逻辑与运算或要素 A 关键词和要素 B 分类号逻辑与运算

该构建方式主要用于分类号比较确定，功能和技术手段相关的关键词也确定的情况。

此外由于关键词表达具有指向性差的问题，该构建方式可以帮助限定词义的范围，有利于提高检索的准确度。

（2）要素 A 关键词和要素 B 关键词逻辑与运算

该构建方式主要用于申请主题没有合适或准确的分类位置或者分类号比较分散而又能归纳出合适的关键词的情况。

（3）要素 A 分类号和要素 B 分类号逻辑与运算

该构建方式主要用于分类号比较确定，但是功能和技术手段相关的关键词难以确定的情况，或者关键词噪声较大、但是分类号定位相对精准的情况。

当采用上述三种方式中的一种时，有可能会漏检相应的文献。例如在第三种方式中，可能遗漏的文献有：含有至少与 A、B 之一相关的关键词，但未分在 A 的分类号下的文献等。

实践中，存在多个检索要素时，可以进行全要素表达或部分要素表达，并按照上述方式进行组配。

2.2　检索字段

利用各种要素检索出现的字段，如题目、摘要、权利要求书、说明书等技术的主题类检索字段等来构建检索式样。关于分类号字段以及关键词字段的组配以上已阐

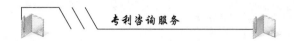

述，此处说明题目、摘要、权利要求书、说明书等字段的选择。

需指出的是，不同检索数据库提供的检索字段是不相同的。此外，即便提供的检索字段相同，例如均提供权利要求书和说明书全文检索字段，但在不同数据库中通过检索字段检索到的数据期间是不同的。

（1）名称 + 摘要

该检索字段是常用字段，基本可满足大部分查准类检索和专题检索的要求。

然而如果选取的关键词没有出现在发明名称和摘要中，而出现在权利要求书或说明书中，则会漏检，因此该字段有一定的局限性。尤其会漏检下位概念。例如 IGBT 相关文献的检索，限定在发明名称和摘要中，会引起比较大的漏检，因为在这些字段中通常是涵盖了 IGBT 的上位概念"半导体芯片"等，而下位概念通常是出现在说明书中。

（2）名称 + 摘要 + 权利要求书

实践中，一些规避检索的专利文献，通常具有与权利要求不同的摘要，此时需考虑权利要求书字段。针对侵权风险检索，通常需要考虑权利要求书字段，确保选取的关键词出现在发明名称、摘要或权利要求书中。

然而，如果选取的关键词没有出现在发明名称、摘要、权利要求书中，而出现在了说明书中，则会漏检，因此该字段也有一定局限性。

（3）名称 + 摘要 + 权利要求书 + 说明书

在查准类检索中，可能需要该字段，寻找能破坏新颖性和创造性的说明书中公开的内容。在查全类检索中，可能需要该字段，针对通常可能出现在说明书中的关键词表达，例如下位概念。涉及具体的结构细节特征、某一数值以及表征效果等关键词，会出现在说明书全文中，此时需要将其设定在说明书字段中。

在上述三类的检索字段中，按照题目、摘要、权利要求书、说明书等字段的顺序，文献检索量递增但查准率递减，因此需要综合考虑检索结果的情况设定检索字段并结合算符。

2.3 算符选择

常见的算法包括三类：逻辑关系运算算符；位置运算算符；截词符。

逻辑关系运算算符主要包括与（and）、或（or）、非（not）以及异或（X or）四类运算算符。与运算算符（and）表示组配的关键词同时出现，利用与运算符可以进一步限定范围；或运算算符（or）表示至少组配的关键词中之一出现，利用或运算符可以进一步扩大范围；非运算算符（not）表示组配的关键词中不出现，通常利用该运算符进一步限定范围，剔除一些不希望看到的检索结果；异或算符（X or）表示仅当一个组配的关键词为真的时候，另一个组配的关键词为假。

位置运算算符主要包括相邻、同句以及同段三类位置算符。相邻算符涉及有先后顺序的相邻算符和无先后顺序的相邻算符，其中可以限定其中间隔的字的数量；同句算符可以限定组配的关键词出现在同一句话中；同段落算符可以限定组配的关键词出现在同一段落中。

截词符对于一个、多个字符以及不限字符进行截词，应用广泛。

实践中，三类算法应当结合使用。例如，在英文关键词中，由于英文关键词时态的变化、词性的变化等通常需要将词根找出，在该词根后应用不限字符的符号进行截词运算；权利要求书或者是说明书全文检索字段中，仅仅使用 and 或者 or 等逻辑算符则噪音很大，应当借助于位置运算符，例如使用相邻算符或者是同句算符以及同段算符限定在更小的范围内。正确地选择算符可以改善检索结果的全面性和准确性。

第 3 节　专利检索数据库

专利检索数据库是获得完整准确的检索结果的前提和基础。本节主要介绍国内外常用的公用数据库以及商用数据库。

1　公用数据库

1.1　国外专利数据库

1.1.1　EPO 专利数据库

EPO 专利数据库是检索世界范围内专利文献、欧洲专利文献、国际申请专利文献最常用的公用专利数据库之一，网址为：http：//worldwide. espacenet. com/。

EPO 专利数据库包括三种数据库：Worldwide 数据库、EP 数据库以及 WIPO 数据库。在 Worldwide 数据库中收录了世界范围内多达九十个国家或地区的专利文献。所收录专利文献的国别、收录期间、收录类型（全文/摘要）以及更新期间可以从该网站中下载。在 EP 数据库和 WIPO 数据中分别收录了欧洲专利文献和国际申请专利文献。

2010 年改版后的 EPO 专利数据库提供了丰富的检索类型、完善的检索字段、友好的浏览界面以及批量下载功能，从功能上向商业数据库更接近了一步，是目前公用专利数据库中功能相对而言更加完善的一个数据库。以下从检索类型、浏览界面和其他功能三个方面进行具体介绍。

（1）检索类型

EPO 专利数据库提供以下几种检索类型：快速检索（Quick Search）、高级检索（Advanced Search）号码检索（Number Search）分类号检索（Classification Search）以及智能检索（Smart Search）。

快速检索在三种数据库中提供的检索字段相同，包括"发明名称或摘要""发明

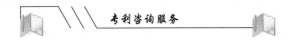
人或申请人"以及"说明书和权利要求书的全文文本",快速检索界面如图 2-1
所示。

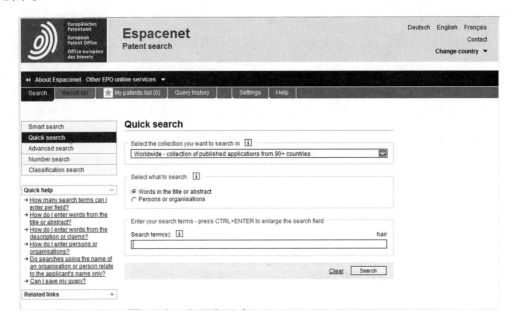

图 2-1　EPO 快速检索

高级检索在三种数据库中提供的检索字段不同,在 EP 和 WIPO 数据库中,提供
的检索字段包括"全文文本字段",不包括欧洲分类 ECLA,高级检索界面如图 2-2
所示。

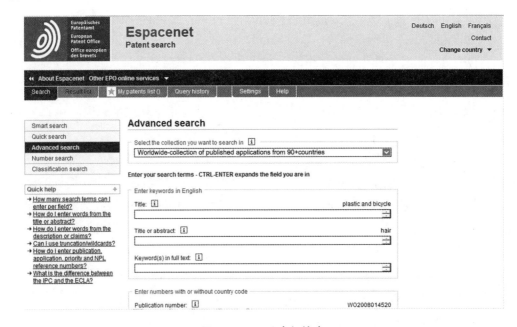

图 2-2　EPO 高级检索

智能检索（Smart Search）允许输入由字段代码、检索要素以及逻辑运算符组配而成的完整检索式，允许输入不同类型的检索字段的组合检索，智能检索界面如图 2 - 3 所示。

图 2 - 3　EPO 智能检索

（2）检索结果的浏览

检索结果的浏览界面提供排列选择选项"sorting criteria"，可以通过上传日期（upload date）、优先权日期（priority date）、发明人（Inventor）、申请人（Applicant）以及 ECLA 对检索结果进行排列。

检索结果的浏览界面提供扩展显示和简洁显示（compact）两种显示方式。在检索结果的浏览界面中可通过"Refine Search"，进行二次检索。

通过单击任意的专利名称，可以链接进入到该专利申请的详细信息页面中。可在所显示页面中浏览该专利的著录数据、权利要求书（可查询复制的文本格式）、说明书（可查询复制的文本格式）、附图、原始公开文本的 PDF 格式、同族专利、专利引文（cited document and citing document）以及 INPADOC 法律状态，详细信息页面如图 2 - 4 所示。

（3）其他

在检索结果的浏览界面中设置有"Export"按钮和"Download Cover"，利用"Export"按钮可以将选中的检索结果的著录项目信息以 EXCEL 格式输出，利用"Download Cover"按钮可以将选中的检索结果的首页以 PDF 格式输出。

1.1.2　USPTO 专利数据库

USPTO 专利数据库是检索美国专利文献最常用的公用专利数据库之一，网址为 http：//www.uspto.gov，点击 Patent Search 就可以进入到可链接至 10 个专利相关数据库的网页中。

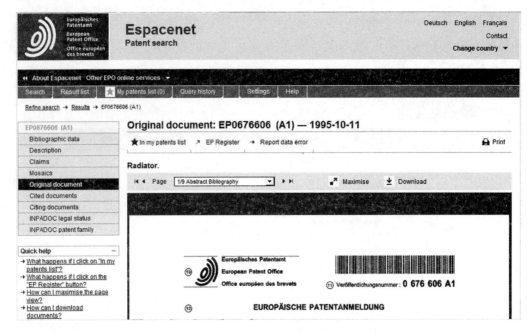

图 2 - 4　EPO 详细信息页面

USPTO 专利数据库包括授权专利数据库〔USPTO Patent Full-Text and Image Database（PatFT）〕、专利申请数据库〔USPTO Patent Application Full-Text and Image Database（AppFT）〕以及提供法律状态和审查过程文件的 PAIR 系统，其中授权专利数据库包括 1971 年至今公告的专利全文文件，专利申请数据库包括自 2001 年 3 月至今所公开的申请文件，PAIR 系统提供最新的法律状态和审查过程材料，如表 2 - 2 所示。

表 2 - 2　USPTO 专利数据库

No.	数据库名称	内　　容
PatFT	授权专利数据库	1976 年至今　专利全文文件
AppFT	专利申请数据库	2001 年至今　申请文件
PAIR	专利申请信息检索系统	法律状态和审查过程文件

以下从检索类型、浏览界面和其他功能三个方面对授权专利数据库进行具体介绍。

（1）检索类型

授权专利数据库主要提供以下几种检索类型：快速检索（Quick Search）、高级检索（Advanced Search）和号码检索（Number Search）。

在快速检索（Quick Search）中提供两个检索输入框，可以在多达 31 个检索字段中进行检索，同时可通过在两输入框之间的下拉列表中选择逻辑算符，快速检索界面如图 2 - 5 所示。

USPTO PATENT FULL-TEXT AND IMAGE DATABASE

Home | Quick | Advanced | Pat Num | Help

View Cart

Data current through December 18, 2012.

Query [Help]

Term 1: [   ] in Field 1: [All Fields   ▼]

[AND ▼]

Term 2: [   ] in Field 2: [All Fields   ▼]

Select years [Help]

[1976 to present [full-text] ▼]   [Search] [重置]

Patents from 1790 through 1975 are searchable only by Issue Date, Patent Number, and Current US Classification.
When searching for specific numbers in the Patent Number field, patent numbers must be seven characters in length, excluding commas, which are optional.

图 2 - 5   USPTO 快速检索

在号码检索的输入框中可以输入一个或多个专利号检索，多个专利号之间用空格。

在高级检索（Advanced Search）的输入框中可以输入由字段代码、检索要素和逻辑算符构成的检索式。高级检索界面如图 2 - 6 所示。

Data current through December 18, 2012.

Query [Help]

[   ]

Examples:
ttl/(tennis and (racquet or racket))
isd/1/8/2002 and motorcycle
in/newmar-julie

Select Years [Help]

[1976 to present [full-text] ▼]   [Search] [重置]

Patents from 1790 through 1975 are searchable only by Issue Date, Patent Number, and Current US Classification.
When searching for specific numbers in the Patent Number field, patent numbers must be seven characters in length, excluding commas, which are optional.

Field Code	Field Name	Field Code	Field Name
PN	Patent Number	IN	Inventor Name
ISD	Issue Date	IC	Inventor City
TTL	Title	IS	Inventor State
ABST	Abstract	ICN	Inventor Country
ACLM	Claim(s)	LREP	Attorney or Agent
SPEC	Description/Specification	AN	Assignee Name
CCL	Current US Classification	AC	Assignee City
ICL	International Classification	AS	Assignee State
APN	Application Serial Number	ACN	Assignee Country
APD	Application Date	EXP	Primary Examiner
PARN	Parent Case Information	EXA	Assistant Examiner
RLAP	Related US App. Data	REF	Referenced By
REIS	Reissue Data	FREF	Foreign References
PRIR	Foreign Priority	OREF	Other References
PCT	PCT Information	GOVT	Government Interest
APT	Application Type		

图 2 - 6   USPTO 高级检索

（2）浏览界面

检索结果可以自动按照公布日期进行排序。

在检索结果的浏览界面中可通过"Refine Search"，进行二次检索。

检索结果的浏览界面中，通过单击检索结果列表显示页面上的符号"T"可以看到专利数据的详细显示页面。在该页面中可以浏览该专利的著录数据、权利要求书（可查询复制的文本格式）、说明书（可查询复制的文本格式）、附图、原始公开文本的 PDF 格式、以及专利引文（cited document and citing document），详细信息页面如图 2 - 7 所示：

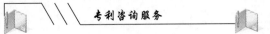

第2章

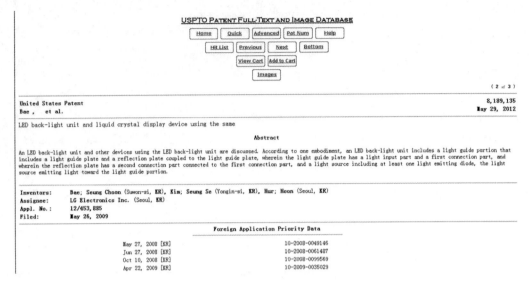

图 2-7　详细信息页面

（3）其他

无批量下载功能。

1.1.3　WIPO 专利数据库

WIPO 专利数据库是检索 PCT 国际申请的最常用的公用专利数据库之一，网址为：www. wipo. int。在该网站主页上选择"Patent Search"可以进入 PCT 国际申请的检索界面。以下从检索类型、浏览界面和其他功能三个方面进行具体介绍。

（1）检索类型

WIPO 专利数据库主要提供以下几种检索类型：简单检索（Simple Search）、高级检索（Advanced Search）和字段检索（Field Search）。

简单检索提供的检索字段包括一个检索输入框，可在首页（Front Page）、所有字段（Any Field）、全文（Full Text）、IPC 等中进行检索，简单检索页面如图 2 - 8 所示。

高级检索可以输入复杂的检索式，检索式的表达方式为字段代码/检索字符串，可以使用多个检索字段和各种算符组配检索式，高级检索页面如图 2 - 9 所示。

字段检索可以在检索框中选择字段并且通过下拉列表来实现各个字段的逻辑运算。

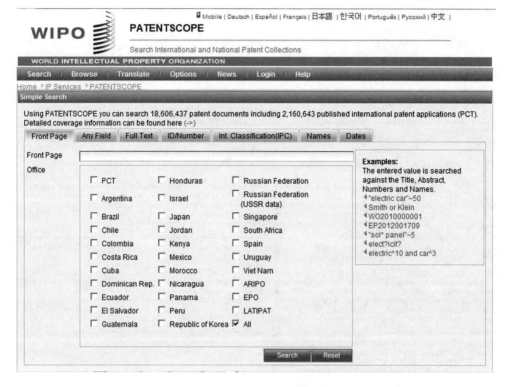

图 2 – 8　WIPO 简单检索

图 2 – 9　WIPO 高级检索

第 2 章

（2）浏览界面

检索结果的浏览界面中提供排列选择选项，可以通过年代排序（Chronologically）以及相关度排序（By relevance）两种方式对检索结果进行排列，如图2-10所示。

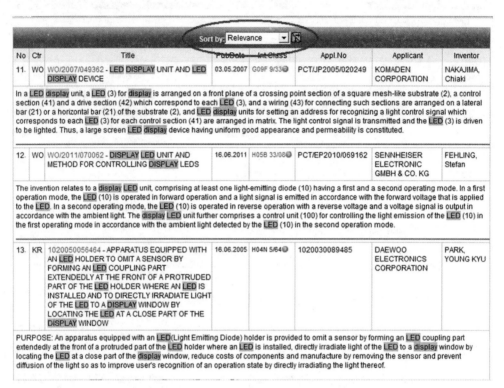

图 2 – 10　WIPO 浏览界面

在检索结果的浏览界面中可通过"Refine Search"，进行二次检索。检索结果的浏览界面中提供"Save Query"and"Download Result List"。

通过单击任意的专利名称，可以链接进入到该专利申请的详细信息页面中。在该页面中可浏览该专利的著录数据、权利要求书（可查询复制的文本格式）、说明书（可查询复制的文本格式）、进入国家阶段的情况、相关通知以及国际初审报告、国际检索报告、国际申请的 PDF 格式的版本等相关文献，详细信息页面如图 2 – 11所示。

（3）其他

可通过注册用户的方式实现批量下载功能，并且可以进行国别、IPC、申请人和发明人等分析。

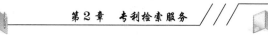

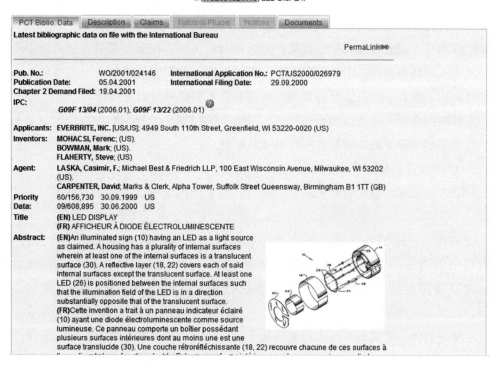

图 2-11 WIPO 详细信息页面

1.2 中国专利数据库

以下为常用的中国专利数据库，如表 2-3 所示：

表 2-3 中国专利数据库

常用数据库	网　址
SIPO	www. sipo. gov. cn
CNIPR	www. cnipr. com
Soopat	www. soopat. com
Cnpat	www. cnpat. cn

1.2.1 SIPO 数据库

www. sipo. gov. cn 是国家知识产权局的官方网站，收录了中国发明、实用新型以及外观设计专利。

SIPO 数据库的主要优点为数据库收录信息完整、数据库更新及时；主要缺点为提供表格检索并且检索字段较少、无法编辑复杂检索式、无法批量下载文献全文和著录项目信息。

1.2.2 Soopat 数据库

Soopat 数据库是免费数据库，收录了中国发明、实用新型以及外观设计专利。

第 2 章

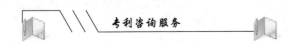

Soopat 数据库的主要优点在于：浏览界面友好，能在检索结果列表中清楚地看到法律状态、各检索结果的摘要、题目等；可以按照关键词查询 IPC 分类号，也可以按照 IPC 分类号查询 IPC 分类号的含义；能进行分析。可以按照申请日、公开日、申请人、发明人、技术合作、IPC 分类等进行统计分析；数据库的更新及时程度尚可；在各个检索结果列表下可以选择各专利类型的有效专利量和失效专利量。

主要缺点在于：主要提供表格检索，可提供的检索字段较少；无法编辑复杂检索式；无法免费批量下载文献全文和著录项目信息。

1.2.3 CNIPR 数据库

CNIPR 是知识产权出版社的检索网站，收录了中国发明、实用新型以及外观设计专利。

CNIPR 数据库的主要优点在于：支持复杂的逻辑检索式编辑。能进行分析，可以按照申请日、公开日、申请人、发明人、技术合作、IPC 分类等进行统计分析；浏览界面友好，能将摘要等信息等进行展开显示。数据库的更新及时程度尚可。

主要缺点为：未提供在各个检索结果下的有效专利和失效专利的数据的选择。

1.2.4 CNPAT 数据库

CNPAT 是中国专利信息中心的检索网站，收录了中国发明、实用新型以及外观设计专利。

CNPAT 数据库的主要优点在于：支持复杂的逻辑检索式编辑；能进行分析；可以按照申请人、IPC 分类号、国别地区等进行统计分析；在线阅读说明书全文。

主要缺点为：浏览界面较为简单；无法批量下载文献全文和著录项目信息；数据更新具有一定的滞后性。

中国专利数据库（官方网站除外）的功能对照如表 2 - 4 所示。

表 2 - 4 中国专利数据库对照表

检索数据库		CNIPR	SOOPAT	CNPAT
数据更新状况		滞后 1 周以内	滞后 1 周以内	滞后 2 周以内
收　录	发明	Y	Y	Y
	实用新型	Y	Y	Y
	外观设计	Y	Y	Y
字　段	发明名称	Y	Y	Y
	说明书摘要	Y	Y	Y
	主权利要求	N	N	Y
	权利要求	Y	N	N
	说明书	Y	N	N
	IPC	Y	Y	Y

续表

检索数据库		CNIPR	SOOPAT	CNPAT
功　能	表格检索	Y	Y	Y
	简单逻辑式	Y	N	Y
	复杂逻辑式	Y	Y	Y
	分析功能	Y	Y	Y
	著录项批量下载	Y	N	N
	法律状态	Y	Y	Y
	主权项浏览	N	N	Y
	附图浏览	Y	N	Y
	主权项	Y	Y	Y
	说明书浏览	Y	N	Y
	说明书全文下载	N	Y	Y

2　商用数据库

相比公用数据库，商业数据库在数据库资源、统一检索平台等方面具有突出优点。

2.1　商业数据库的特点

2.1.1　整合的数据资源

与公用数据库不同，商业数据库通过商业购买，提供了世界范围内的多个地区、国家的数据库资源，确保数据库资源的完整以及更新及时性。在地域国别覆盖、专利文献数量、专利类型方面都具有明显的优势。

2.1.2　统一的检索平台

针对不同地区、国家的数据库，建立统一的检索平台。

2.1.3　有效的二次加工

与公用数据库不同，商业数据库通常提供对文献的二次加工，便于检索。二次加工通常包括专利文献的发明要点提炼、申请人信息加工、专利文献的归同族、专利文献的文本化处理、专利数据信息的清晰化等。文献的二次加工为专利文献的进一步检索提供了良好的基础。

专利文献的发明要点提炼了专利文献中的核心构思，即便刻意规避检索的专利也能检索出来。

申请人信息加工体现了企业名称的信息，可以将企业的例如子公司、母公司等信息进行处理归整，以将这些专利划入到同一申请人下面，从而丰富对竞争者的检索。

专利文献的文本化处理将例如权利要求书、说明书等信息加工成可检索的文本化

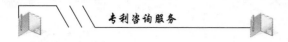

格式，便于检索。

2.1.4 丰富的检索类型

除了表格检索以外，商用数据库提供了各类复杂检索式编辑功能。目前甚至可以提供概念检索、企业名称全面化检索等功能，所谓概念检索，例如可以成句或者成段地输入关键词，以获取与该构思相似专利的检索。

在检索式功能编辑方面，商业数据库除了常见的检索字段以外，还提供权利要求、说明书、引证文献、无效宣告请求、异议、法律状态等检索字段；在关键词相关的检索字段中，还附加有自动提示近义词等功能，以便于关键词的选择运用；算符方面，除了"and""or""not"等常见的逻辑运算符以外，还提供其他的逻辑运算符、位置符，例如邻近算符、前邻近算符、后邻近算符、同在算符（同段算符、同句算符）、限定检索词在文中出现次数等其他算符、截词符等，以满足编辑复杂检索式的需要。

2.1.5 友好的浏览界面

在检索结果列表显示中，大多商业数据库可支持包括题目、摘要、摘要附图的多条目浏览界面。有的商业数据库甚至支持分屏浏览，即一个分屏提供例如摘要、题目以及摘要附图的多条目浏览界面，另一个分屏在点选某一个条目时可提供权利要求、说明书全文以及翻译文本等浏览信息。有的商业数据库的浏览界面中还自动区分显示已浏览的检索结果和未浏览的检索结果，用户在某些情况下可以对该检索结果进行标注。

在检索结果列表显示中，大多商业数据库提供关键词的高亮显示功能，并且对不同的关键词区分显示不同的颜色，帮助用户在筛选专利时迅速定位至关键词出现的区域，以判定专利的相关性。

2.1.6 实用的管理功能

在 IP 管理相关功能中，大多商业数据库提供检索式保存功能，以保存检索历史。此外，提供自动通知功能，通过设定接收地址可以将预设检索式下产生的相关文献自动通知到相关人员。

大多商业数据库提供检索结果的批量下载。批量下载包括 EXCEL 形式的著录项目信息下载和 PDF 下载两种形式。EXCEL 形式批量下载除了可以下载常见的发明名称、申请人、各种日期例如优先权日、申请日等以及各种号码例如申请号、公开号等以外，还包括摘要、独立权利要求 1、摘要附图、全文、全文翻译文的数据、审查过程信息。PDF 下载主要体现在大批量下载专利申请的原始文件。商业数据库目前已经发展至一次下载上千件专利。

2.2 主要商业数据库

以下就常见的两个商业数据库的特点做简单介绍。

2.2.1　Thomson Innovation 数据库

Thomson Innovation 是汤森路透（Thomson Reuters）开发的一个商业数据库，该专利数据库是常见的商用专利数据库之一，网址为 www. thomsoninnovation. com 。Thomson Innovation 收集了全球 80 多个国家和地区的 5 000 万份专利以及 Derwent 世界专利索引数据库（Derwent World Patents Index®，DWPI）和 Inpadoc 数据库。

该数据库提供的检索字段包括发明名称、摘要、权利要求、名称 + 摘要 + 权利要求、说明书、国别代码、引证文献、被引证文献等多种检索字段，如表 2 – 5 所示。

表 2 – 5　Thomson 检索字段

DWPI数据库字段	原始专利信息字段	
All Text Fields - DWPI	Text Fields	Examiner
..Title-DWPI	..Title/Abstract	Publication Number
....Title Terms-DWPI	..Title/Abstract/Claims	..Country Code
..Abstract-DWPI	..Title	..Kind Code
....Abstract-DWPI Novelty	....Title-Original	Publication Date
....Abstract-DWPI Detailed Desc	......Title-Original (English)	Application Number
....Abstract-DWPI Use	......Title-Original (French)	Application Date
....Abstract-DWPI Advantage	......Title-Original (German)	Priority-Data
....Abstract-DWPI Activity	......Title-Original (Spanish)	..Priority-Number
....Abstract-DWPI Mechanism	..Abstract	..Priority-Country
....Abstract-DWPI Drawing Desc	....Abstract-Original	..Priority Date(s)
Assignee/Applicant-DWPI	......Abstract-Original (English)	....Priority Date-Earliest
Inventor-DWPI	......Abstract-Original (French)	Related Applications
Publication Number	......Abstract-Original (German)	PCT Applications
..Country Code	......Abstract-Original (Spanish)	Any IPC or ECLA
..Kind Code	..Claims	Any IPC
DWPI Accession Number	....Claims (English)	..IPC-Current
Publication Date	....Claims (French)	..IPC-Original
Application Number	....Claims (German)	ECLA
Application Date	....Claims (Spanish)	US Class
Priority-Data	..Description	..US Class-Current
..Priority-Number	Government Interest	....US Class-Current Main
..Priority-Country	Assignee/Applicant	..US Class-Original
..Priority Date(s)	..Assignee/Applicant-Docdb	Locarno Class
..Priority Date-Earliest	..Assignee/Applicant-Original	Citations
....Priority Date-DWPI	Inventor	..Cited Patents
Any IPC	..Inventor-Original	..Cited Non-Patents
..IPC-Current	Agent/Correspondent	INPADOC Legal Status
US Class-Current	..Agent	US Maintenance Status
..US Class-Current Main	....Correspondent	US Reassignment

检索结果列表的浏览界面中提供了高亮功能，可手动添加不同颜色用于不同的关键词。该数据库提供的算符包括逻辑运算符"and""or""not"以及位置符"near""same""sentence"等。该数据库提供 EXCEL 形式著录项目信息批量下载和 PDF 申请文件原文批量下载两种功能。EXCEL 形式可下载的条目包括专利同族、INPADOC 法律状态、引证次数、引证文献以及被引证文献等几乎涵盖了上述检索字段。该数据库提供机器翻译功能，辅助阅读相关文献。

总体而言，该数据库在数据完整性、检索字段、文献的二次加工方面具有明显的优势，局限性在于无法提供外观设计与专利、实用新型的同一检索平台；高亮功能在检索界面中的文本中显示，无法在下载的专利全文 PDF 中显示；价格昂贵。

2.2.2　Orbit 数据库

Questel 由欧洲公司 Questel 和美国公司 Orbit 合并的数据提供商，该公司所提供的 Orbit 数据库是常见的商用专利数据库之一，收录了 Questel 自己研发的数据库 Fampat 专利家族数据库、Pluspat 国别以及全文数据库，目前收集了 92 多个国家和授权机构

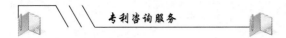

的发明和实用新型以及 14 个主要授权机关的外观设计，网址为 www.orbit.com。

该数据库提供的检索字段包括发明名称、摘要、权利要求、名称＋摘要＋权利要求、说明书、国别代码、引证文献、被引证文献等多种检索字段。

检索结果列表的浏览界面中提供了高亮功能。高亮功能既可以在文本格式中显示，也可以在 PDF 中显示。该数据库提供的算符包括逻辑运算符"and""or""not"以及位置符等。该数据库提供 EXCEL 形式著录项目信息批量下载和 PDF 申请文件原文批量下载或 WORD 格式的文件原文下载。EXCEL 形式可下载的条目除了常见条目以外还包括摘要、权利要求书、附图、专利同族、引证文献以及被引证文献等诸多条目。该数据库提供嵌入 Google 翻译器，以提供翻译功能。

总体而言，该数据库在数据完整性、检索字段、浏览界面、价格方面具有明显优势，局限性在于文献的二次加工、专利家族数据库的权威性方面。

第 4 节　专利检索方法

本节主要介绍常见专利检索类型的程序及方法。

1　查新检索

查新检索通常用于专利申请和课题立项之前，其目的在于找出与申请的主题密切相关或者相关的现有技术或者找出抵触申请文件和防止重复授权的文件。查新检索的具体步骤如下：

1.1　进行检索准备

在检索前的准备工作中，涉及技术调研和专利检索数据库选择。

查新检索中的技术调研针对与申请或者专利相关的背景材料中的技术方案以及待检申请文件的技术方案进行。一般情况下，可以通过阅读申请文件或申请前的技术交底书确定技术方案所属的技术领域。通常技术交底书需要撰写成权利要求的形式以便于进一步检索。

查新检索中通常选择全球专利检索数据库作为检索平台。实践中，考虑该相关技术更有可能在哪些国家的数据库中出现而优先选择该国数据库。

1.2　制定检索策略

1.2.1　确定检索要素

首先分析请求保护范围最宽的独立权利要求的技术方案，提取反映该技术方案的检索要素。检索要素的提取分别从权利要求的技术主题、前序部分以及特征部分中分别进行。

关于技术主题方面，在一些申请文件中，由于权利要求以概括性的上位方式描述，可能需要结合说明书的阅读（例如具体实施方式）才能确定出检索要素，例如主题词为半导体器件，此时需要阅读说明书明确该半导体器件为哪些具体的半导体器件，并依此确定检索要素。

利用前序部分通常可以进一步确定所属的技术主题下的子主题，并依此确定检索要素。

在一些申请文件中，权利要求中并未明确地区分前序部分和特征部分，需要阅读说明书并结合对现有技术的了解，将某些特征确定为对现有技术有贡献的特征部分，并依此确定检索要素。

检索要素还可能涉及该技术主题的应用领域。

上述各检索要素并不必然地同时包括，并且检索要素的数量也是通过检索的实施不断调整。

1.2.2 表达检索要素

（1）关键词表达

根据上述所提取的要素，确定关键词的表达。关键词可以直接从背景技术、专利申请文件——权利要求书中或者说明书中获得，也可以从检索过程中获得的相关文献中获得。

（2）分类号表达

确定关键词的表达之后，应采用统计方法或利用分类表确定查新检索的分类号表达方式，具体参见上文。

1.2.3 构建检索式

根据上述已经确定的关键词及分类号构建检索式。

在组配方式方面，若权利要求中的技术特征记载详细，分类号比较分散很难涵盖全部技术内容或没有非常相关的分类号的，使用关键词组配方式构建检索式。若权利要求中的技术特征的关键词表达噪音较大，使用关键词和IPC组配表达构建检索式。

在检索字段方面，首先利用题目/摘要检索字段必要时利用算符来构建检索式，提高检索结果的相关性。如需要，可进一步利用权利要求或说明书字段来构建检索式。

1.3 获取检索结果

利用上述确定的检索式进行检索，并根据检索结果对检索式进行调整。如通过检索未发现相关专利文献的，可以通过进一步减少检索要素和/或使用外围关键词和/或使用扩展分类号来扩大检索范围或增加分类号的方式对检索式进行调整。

1.4 筛选相关文献

在筛选时，应当注意现有技术中专利文献的全部内容，尤其是专利文献的说明书

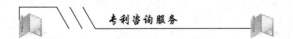

（及其附图）的内容，而不应仅将注意力放在权利要求书上，应当将要检索的申请的权利要求书的内容与有关的现有技术中专利文献所公开的内容进行对比。

以下条件可以中止检索：

已经找到一份与申请的全部主题密切相关的对比文件，单独影响申请的全部主题的新颖性或创造性，构成检索报告中所规定的 X 类文件或 E 类文件；或者已经找到两份或者多份与申请的全部主题密切相关的对比文件，构成检索报告中所规定的 Y 类文件。

1.5　撰写检索报告

检索和筛选之后可撰写检索报告。在检索报告中应清楚地记载检索的领域、数据库以及所用的基本检索要素及其表达形式（如关键词等），由检索获得的对比文件以及对比文件与申请主题的相关程度，并且应当按照检索报告表格的要求完整地填写其他各项。

2　专题检索

专题检索通常用于课题开题或者项目立项之前的技术评估中，也可用于对竞争者进行跟踪，其目的在于找出与特定技术主题或特定权利人相关的专利文献，专题检索的具体步骤如下：

2.1　进行检索准备

在检索前的准备工作中，涉及项目管理、委托人需求的确认、技术调研和检索数据库选择。

首先，针对该专题检索，成立项目团队，制定项目计划。

其次，明确检索的标的及目的。专题往往是一个范畴性的概念，在大多数的情况下，该专题往往覆盖多个子主题。针对行业的专题检索，可按照业内习惯的技术分类信息以及业内的重点、热点、难点技术结合委托人的需求明确子主题。针对某一技术领域的专题检索，按照委托人重点关注的技术、重要组成部分（例如部件或组分）以及应用明确子主题。如 3D 立体显示，该主题解析为多个子主题，在技术方面解析为裸眼 3D 和非裸眼 3D，在部件方面解析为面板、芯片等，在应用方面解析为医用、民用等。针对各个子主题下若有解析可能则进一步解析，直至分解到最下位的子主题。

再次，针对专题的技术领域、技术现状、技术发展的相关技术文献、专利申请展开技术调研，为制定检索策略打下基础。

最后，根据检索标的及目的选择合适的专利检索数据库。

2.2 制定检索策略

2.2.1 确定检索要素

针对以上步骤中确定的子主题确定检索要素。

在上例中，其中的一个子主题解析为非裸眼 3D 的时分式显示技术的时候，可以针对时分式显示技术设定检索要素。检索要素的提炼首先考虑待检索技术的技术领域"3D"作为检索要素，其次考虑"时分式显示技术"的主题词描述"时分式显示"作为检索要素。

2.2.2 表达检索要素

（1）关键词表达

专题检索中关键词的表达可以直接从技术调研，例如从自有专利申请资料以及相关他人专利、期刊文献、网络信息资料等中获得。

（2）分类号表达

确定关键词的表达之后，应采用统计方法或利用分类表确定查新检索的分类号表达方式。

专利分类号在文献量较大的专题检索中的作用应得到重视。如果可以准确地将待检技术主题确定到一个或者多个分类位置，则可以在这些分类位置中找到相同技术主题的专利文献。

2.2.3 构建检索式

专题检索对于查全率的要求较高。因此，关键词和 IPC 表达应尽量地扩展，以符合查全率的要求。

在组配方式方面，可考虑各种组配方式中的一种或多种。

在检索字段方面，首先利用题目/摘要检索字段来构建检索式。如需要，可进一步利用权利要求或说明书字段构建检索式。

2.3 获取检索结果

利用上述确定的检索式进行检索。需要注意的是，如通过检索发现与技术主题不相关的检索文献，需要调查引入的关键词和分类号等，针对这些关键词和分类号进行检索策略的调整，继续浏览检索结果，看调整后的检索策略是否会将相关文献去除，若存在此类问题则考虑进一步调整检索策略，直到留有少量的可接受的人工筛选噪音并不影响到相关文献的数量的程度。

2.4 筛选相关文献

检索结果的筛选需要遵循筛选准则，其中筛选准则的制定最好是和委托人共同确定。

2.5 撰写检索报告

报告的撰写部分参照"查新检索"部分相应内容，无需包括"检索结论"部分。

3 侵权风险检索

侵权风险检索通常用于新产品销售前或新工艺使用前的风险分析中，其目的在于确定出障碍专利并最终防范法律风险，其针对有效专利和已公开尚未授权的专利申请进行。应当考虑标的国的不同专利类型的专利保护期限定检索时间。例如针对中国的侵权风险检索，检索时间考虑发明专利的 20 年期限、实用新型专利的 10 年期限以及外观设计专利的 10 年期限来进行设定。

3.1 进行检索准备

在检索前的准备工作中，涉及项目管理、委托人需求的确认、技术调研、法律调研和专利检索数据库选择等。

首先，针对该侵权风险检索，成立项目团队，制定项目计划。

其次，明确侵权风险检索的标的及目的。明确侵权风险检索针对的产品、工艺、生产国或销售国等目标国、重点竞争者等。针对复杂的产品，例如涉及机械、电子、材料等多技术领域的产品，需与委托人共同将产品解析为涉及技术、部件方面的子主题并从中提炼关键技术特征。

再次，针对产品或工艺所处的技术领域、技术发展现状及该产品或工艺本身的技术特征展开技术调研，为制定检索策略打下基础。同时，针对目标国的申请授权制度以及侵权制度进行调研。最后，根据检索标的及目的选择合适的专利检索数据库，一般可选择生产国和目标销售国家专利数据库以及法律状态数据库。

3.2 制定检索策略

3.2.1 确定检索要素

针对以上步骤中确定的子主题确定检索要素。

与查新检索不同，查新检索是尽可能找到破坏技术方案新颖性、创造性的文献，而侵权风险检索不仅包括上述内容，还包括那些不会破坏技术方案的新颖性、创造性，但保护范围包含所要判断的产品/工艺在内的文献，考虑以上不同点来确定检索要素。

3.2.2 表达检索要素

（1）关键词表达

具体参见上文"关键词表达"。

（2）分类号表达

具体参见上文"分类号表达"。

3.2.3 构建检索式

侵权风险检索对于查全率的要求最高。因此，关键词和 IPC 表达应尽量地扩展，以符合查全率的要求。

在组配方式方面，为避免漏检，通常应考虑各种组配方式。

在检索字段方面，检索字段通常为摘要、题目以及权利要求书。由于侵权风险检索主要是确认是否落入权利要求的保护范围，因此权利要求是一个重要的检索字段。在表征关键技术特征的上位概念比较难以提炼以有效地覆盖障碍专利，需辅之说明书作为检索字段，确定相关专利。

3.3 获取检索结果

利用上述确定的检索式进行检索。需要注意的是，如通过检索未发现相关专利文献的，可以通过进一步减少检索要素和/或使用扩展的关键词和/或使用扩展的分类号来扩大检索范围。

3.4 筛选相关文献

检索结果的筛选准则应当考虑到检索结果中的障碍专利的保护范围来确定，应当将检索到的专利文献的权利要求与待检索标的——产品/方案进行逐一对比，筛选出以下几种专利：

① 待检索标的的技术特征与检索到的有效专利的权利要求的技术特征完全一样；

② 待检索标的的技术特征落入了检索到的某有效专利的权利要求保护范围；

③ 待检索标的的技术特征与检索到的某有效专利的权利要求的技术特征部分相同。

第①、②种类型的专利表明存在全面覆盖原则的侵权风险，第③种类型专利的情况比较复杂，此时，应当依据专利侵权的判定规则，将所要判断的技术方案与检索到的专利的权利要求进行仔细比对和分析判断，结合等同原则以及司法判例等作出是否侵权的结论。

3.5 撰写检索报告

报告的撰写部分参照"查新检索"部分相应内容。在"检索结论"部分对侵权风险进行评价，而不是评判新颖性/创造性。

侵权风险检索将作为专利预警分析的基础，取决于委托人的需求，可以按照不同的分析角度撰写不同的分析报告，具体参见第四章中的相关内容。

4 其他类型检索

除了上述检索外，常见的专利检索还包括无效证据检索、抗辩证据检索、法律状态检索、同族专利检索以及专利引文检索，具体如下：

4.1 无效证据检索

无效证据检索常常用于专利侵权纠纷中。

无效证据检索的结果对于整个侵权纠纷案件的胜败具有关键性的影响作用。因

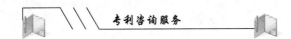

此，在无法获取X类文件的情况下，要重点针对技术启示进行考虑以获得Y类文件。考虑技术启示意味着在检索时既要关注权利要求与最接近文献的区别技术特征本身，也要关注权利要求的技术方案整体上实际所要解决的技术问题以及该技术特征所起到的作用。检索要素包括技术主题/领域检索要素以及区别技术特征检索要素。此时该区别技术特征的要素表达可以是重新确定后的技术问题或者作用。

由于无效证据检索是涉及法律程序的检索，其对检索结果的要求更高，既要做到查全、不能漏检任何可能成为有用证据的文献，还要做到查准，必须尽可能找出证明力最强的证据，因此，必须对检索结果进行仔细阅读，要仔细分析说明书中实施例部分的内容，确定某一特征在技术方案中所起的作用等。

无效证据检索与查新检索都属于查准类检索，差别在于应用的时间点、目标、针对的检索文本的不同。因此，在检索方法上不存在本质的差别，关于无效证据检索步骤请参考查新检索。

4.2　抗辩证据检索

抗辩证据检索常用于专利侵权诉讼的不侵权抗辩中。

抗辩证据检索与查新检索相比的主要区别在于：

（1）抗辩证据检索主要依据业已客观存在的被控侵权产品或生产工艺，而查新检索所依据的技术方案则可能是未实施的技术方案。

（2）由于抗辩证据检索的结果要作为现有技术的证明，因此应当针对所提出的被侵权专利的申请日之前公开的专利文献进行检索，而查新检索则是针对检索日之前公开的所有专利文献。

从专利检索的性质上讲，抗辩证据检索与查新检索都属于专利性检索，差别在于应用的时间点和目标不同。因此，在检索方法上不存在本质的差别，关于抗辩证据检索具体检索步骤请参考查新检索。需要注意的是，检索要素应当选自被控侵权的产品或工艺。

4.3　法律状态检索

法律状态检索常常用于专利许可转让和专利信息分析研究中。

法律状态主要包括：专利申请撤回、专利申请被驳回、专利权有效、专利权终止、专利权转移、专利权无效以及专利权质押等信息。常用法律状态检索网站如表2－6所示。

表2－6　常用法律状态检索网站

常用数据库		参考网址
中国国家知识产权局	法律状态检索系统	http：//search. sipo. gov. cn/sipo/zljs/seardhflzt. jsp
	复审信息检索系统	http：//www. sipo－reexam. gov. cn/reexam_ out/searchdoc/search. jsp

续表

常用数据库		参考网址
美国专利商标局	专利申请信息检索系统（PAIR）	http：//portal. uspto. gov/external/portal/pair
	专利撤回检索	http：//www. uspto. gov/patents/process/search/withdrawn. jsp
		http：//www. uspto. gov/web/offices/opc/documents/pgpubwd. pdf
	专利保护期延长检索	http：//www. uspto. gov/patents/resources/terms/index. jsp
	专利权转让检索	http：//assignments. uspto. gov/assignments/? db = pat
欧洲专利局	Espacenet 检索	http：//ep. espacenet. com/
	EPOLINE 检索	http：//www. epoline. org/portal/public
日本特许厅	英文检索页面	http：//www. ipdl. inpit. go. jp/homepg_ e. ipdl
	日文检索页面	http：//www. ipdl. inpit. go. jp/homepg . ipdl

4.4　同族专利检索

同族专利检索常常用于专利信息分析研究中。

利用同族专利检索可以了解同一专利在不同国家地区的布局，了解专利权人的市场战略意图，并且可以利用同族专利之间的专利改进以及权利要求的比较性布局情况，了解专利权人的立体专利布局策略。利用同族检索可以克服语言障碍，了解同一族专利文献所公开的内容。同族检索的检索要素可以是号码或者公司/人名。常用同族专利检索网站如表 2 - 7 所示。

表 2 - 7　常用同族专利检索网站

数据库	网　　　址
欧洲专利局 Espacenet	http：//ep. espacenet. com
欧洲专利局 Register Plus	https：//register. epo. org/espacenet
印度国家信息中心 Equivalent Search	http：//patin - fo. nic. in

4.5　专利引文检索

专利引文检索常常用于寻找核心专利或基础专利以及分析技术发展趋势。

利用引文检索可以扩大信息检索范围，可以通过前引证和后引证的关系获得与检索主题相关的专利文献，增加了检索线索。利用引文检索，可以确定核心技术，通常被引用的次数却多，那么有可能说明该专利是后续改进专利的基础，因此在某种意义上可能属于有价值的核心专利。同时利用引文检索，可以追踪技术发展方向，揭示出技术发展的技术路线，另外，可以确定竞争者之间的技术关系等。常用引文检索网站如表 2 - 8 所示。

表 2 - 8　常用引文检索网站

数据库	网　　　址
欧洲专利局 Espacenet	http：//ep. espacenet. com
欧洲专利局 Register Plus	https：//register. epo. org/espacenet
美国专利局 USPTO	http：//www. uspto. gov

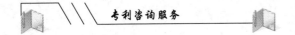

第5节 专利检索示例

本节通过两个案例说明专利检索的程序与方法。

1 查新检索示例

某企业委托某专业机构就一专利申请进行查新检索，目的是确定该专利申请的授权前景。该专利检索的过程如下：

1.1 进行检索准备

首先阅读申请文件，获得关于案件的以下信息：

发明名称：使用便捷的折叠式伞具；

技术领域：折叠式伞具领域；

技术效果：解决外主骨容易向外翻的问题。

该申请文件的独立权利要求为：

1. 一种使用便捷的折叠式伞具，包括内主骨（2）、内支骨（3）、外支骨（4）、中间主骨（5）、支撑拉杆（6）及外主骨（7）构成的可折叠的伞骨组，其特征是在于所述的中间主骨（5）与支撑拉杆（6）之间设置有圈套，并由该圈套将中间主骨（5）与支撑拉杆（6）此处的最大距离限于圈套内径以内，且可保证两者自由地相对移动。

分析上述权利要求1可得知，本发明创造是围绕折叠式伞具进行的改进。权利要求1的前序部分限定伞骨的结构，权利要求1的特征部分限定了圈和套都是改善伞骨而提出的新的结构特征。具体如下图所示：

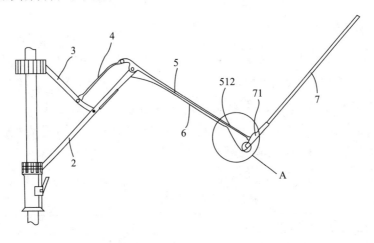

示例1 图1　折叠式伞具示意图

选择 CNIPR 数据库和 DWPI 数据库分别进行中外文专利文献检索。可考虑优先使用中国专利数据库。

1.2 制定检索策略

分别从权利要求的技术主题、前序部分以及特征部分中提取检索要素。首先从技术主题中提取检索要素"一种折叠式伞具（A）"；其次，从前序部分中提取检索要素"伞骨（B）"；最后从特征部分中提取检索要素"圈套（C）"。

根据上述检索要素确定关键词表达。A 的关键词表达为"折"；B 的关键词表达为"骨"或者"架"；C 的关键词表达为"圈""套"或者"环"。

根据上述检索要素确定 IPC 分类表达。具体为：在摘要中输入"折叠 and 伞"进行 IPC 统计分析，最多的 IPC 大组依次为 A45B 19/00（伞的特殊折叠或伸缩）以及 A45B 25/00（伞零件）；最多的 IPC 小组依次为 A45B 19/10（带可折叠的伞骨）、A45B 19/00（伞的特殊折叠或伸缩）以及 A45B 25/02 伞骨架。结合 IPC 分类表，确定这些组与组之间的关系，最终确定 A45B 19/10 适于作为 A 的分类号表达；A45B 25/02 适于作为 B 的分类号表达；C 无合适的分类号表达。

检索要素的上述关键词表达和分类号表达如下表所示：

示例 1 表 1　检索要素表

检索要素	检索要素 A	检索要素 B	检索要素 C
	（三折）折叠式伞具	伞骨架	圈套
关键词	折	骨，架	圈，套，环
IPC	A45B 19/10	A45B 25/02	—

依据关键词表达和分类号表达构建中文检索式如下：

IPC =（A45B 19/10）and TI/ABS =（骨 or 架）and（圈 or 环 or 套）

IPC =（A45B 25/02）and TI/ABS =（折）and（圈 or 环 or 套）

1.3 获取检索结果

实施检索时，发现检索式 1 下文献相关度高，优先应用检索式 1。

1.4 筛选相关文献

筛选准则以申请文献全文是否公开了待检技术方案或技术特征为准，确定影响到该专利的新颖性和创造性的文献，在中文检索式下查询到了一篇 X 类相关文献，检索中止。

1.5 撰写检索报告

新颖性检索报告如下表所示：

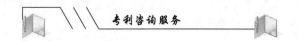

示例1表2　新颖性检索报告

A. 检索类别：☒ 查新检索　　□专题检索　　□侵权风险检索　　□无效证据检索　　□其他检索				
B. 检索依据：（略）				
C. 主题分类：A45B 19/10，A45B 25/02。				
D. 检索领域：A45B 19/10，A45B 25/02。				
E. 检索工具：CNIPR。				
F. 检索关键词：折，骨，架，圈，套，环。				
G. 检索结果				
类　　型	申请号	申请日	分类号	相关部分	权利要求编号
H. 检索结论				
权利要求1相对于对比文件1不具备新颖性，以下略。				

2　侵权风险检索示例

某企业委托某专业机构就其产品双面拖把进行侵权风险检索，确定该产品在中国大陆市场投放是否会面临侵权风险（为示例目的，下述信息并不完全真实）。该专利检索的过程如下：

2.1　进行检索准备

针对该侵权风险检索，成立工作团队，制定项目计划。

通过委托人需求调研和技术调研明确委托人的产品。该产品的关键技术在于提供铰接结构以实现可双面使用的拖把，即拖把杆和承载拖把布的底板之间设置有铰接结构，从而托把杆可以设置在底板的两面，实现双面拖地。

选择 CNIPR 数据库进行检索，检索时间范围考虑发明专利的 20 年期限以及实用新型专利的 10 年期限限定。

2.2　制定检索策略

在确定检索要素时，首先从该产品的技术领域中确定检索要素"拖把（A）"；其次，从该产品的关键技术特征所能达到的效果确定检索要素"双面（B）"。根据上述检索要素，确定关键词表达。其中，A 的关键词表达可以扩展为"拖把、拖布、墩布、地拖、拖地、地刷、擦洗、清洗、清洁、卫生"；B 的关键词表达可以扩展为"双面、两面、多面、翻转、翻折、上下、正反、反面、翻面"等。

根据上述检索要素，确定分类号表达。具体为：在摘要中输入"拖把 and 双面"进行 IPC 统计分析，最多的 IPC 小组为 A47L 13/20 拖把，结合 IPC 分类表阅读确定 A47L 13/20 适于作为 A 的分类号表达；B 无合适的分类号表达。具体如下：

示例1 表3　检索要素表

检索要素	检索要素 A	检索要素 B
	拖　把	双　面
关键词	拖把，拖布，墩布，地拖，拖地，地刷，擦洗，清洗，清洁，卫生	双面，两面，多面，翻转，翻折，上下，正反，反面，翻面
IPC	A47L 13/20	—

依据关键词表达和分类号表达构建中文检索式如下：

TI/ABS =（拖把 or 拖布 or 墩布 or 地拖 or 拖地 or 地刷 or 擦洗 or 清洗 or 清洁 or 卫生）and TI/ABS/CLAIM（双面 or 两面 or 多面 or 翻转 or 翻折 or 上下 or 正反 or 反面 or 翻面）；

IPC =（A47L13/20）and TI/ABS/CLAIM（双面 or 两面 or 多面 or 翻转 or 翻折 or 上下 or 正反 or 反面 or 翻面）。

2.3　获取检索结果

利用上述检索式进行检索并将检索结果汇总。

2.4　筛选相关文献

筛选出包括 CN2549888 在内的多篇相关专利，核实法律状态后从中选取障碍专利用于侵权风险分析。

2.5　撰写检索报告

与查新报告类似，此处省略。在"检索结论"部分对侵权风险进行评价。

第3章　专利分析服务

专利分析是利用专利文献的有效形式,许多企业专利工作名目都离不开专利分析,因此专利分析服务是一种重要的专利咨询服务类型。本章从专利分析的概念出发,重点介绍专利分析的程序及方法。

第1节　专利分析概述

专利分析是对专利文献中所蕴含的各类专利信息的分析。本节主要就专利分析的概念、作用和程序进行阐述。

1　专利分析的概念

1.1　专利分析的定义

专利分析是专利信息分析的简称,是指从专利文献中采集专利信息,通过科学的方法对专利信息进行加工、整理和分析,转化为具有总揽性及预测性的竞争情报,从而为政府部门或企事业单位进行决策提供参考的一类科学活动的集合。

1.2　专利分析的影响因素

专利分析工作涉及面广、专业性强,专利分析结果往往受到法律制度、专利分类和统计方式等各方面的影响。

1.2.1　专利制度

不同国家或地区的专利制度对有关专利保护客体与类型的规定存在很大差别。如美国专利法对发明专利、外观设计专利和植物专利进行保护,而中国专利法对发明专利、实用新型专利和外观设计专利进行保护。再如,意大利在1978年以前一直不给药品提供专利保护,直到最高法庭判定这种做法危险之后,他们才改变这种做法;而中国在最初颁布专利法的时候仅对药品的生产方法进行保护,直到1992年第一次修改专利法才对药品本身提供专利保护。各国专利制度的不同会给专利分析数据的选择带来一定难度,也会对专利分析的结果产生影响。

1.2.2　申请倾向

专利申请的倾向性在不同国家和不同行业之间存在着较大的差别。就国家来说,通常情况下,专利申请人会更多地在本国国内申请专利,从而造成本国专利申请在该国专利申请总量中占有优势地位的现象；就行业来说，有的行业倾向于获得专利保护，有的行业倾向于采取商业秘密的方式对技术成果进行保护。如在信息技术领域，技术发展非常迅速，而专利申请的批准过程较为缓慢，专利申请周期可能赶不上技术发展的步伐，因此这些企业就会倾向于将技术成果尽快商用化，先发制人夺取市场利润；而对制药行业来说，由于其研发周期长，投入高，风险大，同时又易于模仿，因此制药企业通常更倾向于对研发成果采取专利保护。专利申请倾向性的不同也会给专利分析的结果带来一定影响。

1.2.3 专利分类

由于《国际专利分类表》每5年修订一次（第8版以后的IPC分类表基本版每3年修订一次，高级版每3个月修订一次），迅速发展的科技领域常常无法归入预先建立的专利分类的类目之内。同时，受《国际专利分类表》修订的影响，处于不同时期但却属于相同技术领域的专利申请有时会拥有不同的国际专利分类号。因此，专利分类往往也会成为影响专利分析结果的重要因素。

1.2.4 统计方式

专利信息的统计方式是专利分析的重要组成部分，如何对专利文献进行统计将直接影响专利分析的结果。在统计中对分析结果有较大影响的包括对专利分类号的统计及对申请人不同名称的处理等事项。通常情况下，一件专利申请有多个专利申请人或多个国际专利分类号，对这些分类号处理方式的不同即会带来分析结果的不同，如只统计主分类号或将所有分类号都进行统计会得出不同的结果。再如在提交专利申请时同一个申请人在不同的国家、针对不同的技术可能使用了多个不同的名称，因此在对申请人进行统计时，若未将同一申请人的不同名称进行合并处理也会出现分析结果不一致的现象。

2 专利分析的指标

在进行专利分析时，为了清晰地表明专利信息所反映出的具体内容，常常设定一些衡量指标，用以揭示科学研究和技术研发之间的关联性，从宏观或微观层面反映国家或企业的科技创新活动及技术研发产出、专利拥有量、技术发展水平及其在国际技术与经济竞争中的地位，这些衡量指标就称之为专利分析指标。

常用的专利分析指标包括以下几种。

2.1 专利数量指标

专利数量指标是对专利数量进行统计的指标。专利数量指标有多种形式，如一定时段内专利申请量或授权量统计，特定技术领域内专利申请量或授权量统计，发明人数量统计等。通过对一定时段内各国家、各企业或者各技术领域的专利数量的统计分析可以了解所分析主题的技术活动程度、演变过程及发展趋势。

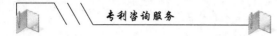

尽管专利数量指标只是从不同角度对有关数量的统计，看似简单，但具体分析过程中如果能按照分析目的的不同选择相关的专利数量指标或专利数量指标的组合对不同的技术活动进行分析描述，将能起到很好的分析效果，得出可靠的分析结论。

2.2　专利增长率指标

专利增长率指标是计算专利数量增长情况的指标。专利增长率指标可以衡量判断一定时段内技术活动发展的变化状况，常常用于同一技术领域不同竞争者之间技术创新能力的比较研究。通过专利增长率指标可以判断技术创新随时间的变化情况是迅速还是迟缓。

在计算专利增长率指标时，应当有一个时间跨度，时间跨度可长可短，长短的选择取决于不同的分析目的和所分析技术领域的特点。例如，电子信息领域技术发展变化快，分析时所选时间跨度以 1 年为宜；制药领域产品研发周期较长，时间跨度可选 2~3 年或更长时间。当所选时间跨度为 1 年时，专利增长率指标即成为年度增长率指标，可以反映年度研发情况及年度专利数量的变化情况。

2.3　专利技术指标

专利技术指标是反映专利技术分类情况的指标。为了便于检索和快捷地了解专利文献所涉及的技术内容，人们常常按照一种特定的技术分类对专利文献进行类目整理，这种技术分类是根据专利文献中记载的内容进行的，既有国际统一的分类方法，如国际专利分类 IPC，也有一些国家和地区自行制定的分类，如欧洲的 ECLA 分类、美国的 UC 分类以及日本的 F-Term 分类等。

利用专利技术指标进行分析时，常常是通过考察某技术领域内所涉及的所有专利分类以及这些专利分类所对应的专利量的变化情况来研究分析对象的技术领域分布、行业重点技术分布以及相关国家重点行业分布等情况，为政府部门或企业的相关决策提供参考。

2.4　专利引证指标

专利引证指标是通过一篇专利文献与其他有关专利文献相互引用的次数来揭示技术中详细关联程度的指标。通过专利引证指标，可以了解专利文献之间的关系、技术发展趋势和围绕着变化的技术领域形成网状专利保护的轨迹，显现技术交叉点的专利趋势，探索核心技术。

在专利文献中存在两种专利被引用数据：由发明人自己在专利申请中引用的数据，称为自引数据；审查员在进行专利审查时引用的数据，称为他引数据。通常情况下，发明人自己提出的引文数据仅出现在其专利说明书中，使用起来较为困难，而且由于引文数据是发明人自己提供的，有时会带有一定的片面性；而审查员在进行专利审查时所提供的引文数据则较为客观可靠，并且审查员所提供的引文数据会出现在专利说明书的扉页上，获取较为方便。通过研究专利的引用信息可以识别孤立的专利（这些专利很少被其他的专利申请所引用）和活跃的专利，也可以研究国家、行业或企业的专利影响力及专利质量。

2.5 专利族指标

专利族指标是指对同族专利进行分析的指标。所谓专利族是指具有共同优先权的在不同国家、地区或国际专利组织多次申请、多次公布或批准的内容相同或基本相同的一组专利，同一专利族中每件专利互为同族专利。通过专利族指标可以获得某一发明创造在不同国家的保护信息。

专利族指标可以体现的信息包括：

2.5.1 技术活动规模

专利族中的专利数量和所涉及地域范围可以测量技术的活动情况及活动规模。按照优先权日或最初申请日将企业过去一定时段内的专利族所涉及的申请数据和地域分布情况绘制成图，就可以了解和分析企业的专利活动情况和专利活动趋势，了解企业研发活动的规模。

2.5.2 商业潜力

通常一件专利申请只有在其提出请求的国家中被授权才能获得专利保护，而企业在各个国家均进行专利申请的话，费用将非常高昂，因此有理由相信，如果企业就一项发明创造在众多国家寻求了保护，可以认为该发明创造具有较高的商业价值。

2.5.3 市场布局

通常情况下，一个企业只会将那些有重要经济价值的发明创造在世界范围内提交专利申请。研究企业在过去一段时间内的国内外专利申请的地域分布情况，就可以了解和确认该企业寻求商业利益的市场动向。

3 专利分析的程序

专利分析过程是对专利信息增值应用的再生产过程，专利分析的程序通常分为进行分析准备、采集样本数据、分析样本数据和撰写分析报告四个阶段，❶ 具体如图 3－1 所示。

---

❶ 北京路浩知识产权代理有限公司，等. 企业专利工作实务 [M]. 北京：知识产权出版社，2009.

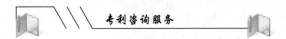

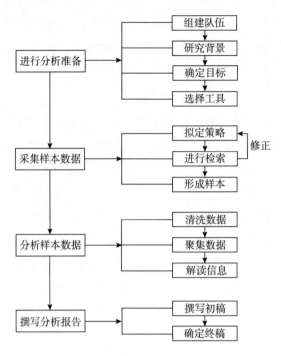

图 3 – 1　专利分析流程图

3.1　进行分析准备

本阶段的任务主要是为整个专利分析工作准备好软硬件条件。

3.1.1　组建队伍

选择对分析项目技术领域有足够了解的专业技术人员、熟悉企业经营状况的管理人员以及熟练掌握专利检索和信息分析技能的专利工作人员共同组成分析队伍。

3.1.2　研究背景

收集并阅读与分析项目相关的背景材料，包括所涉及技术的起源和发展历程、相关行业技术发展现状、相关技术的主要应用范围、本领域竞争者的技术和经营动态等。

3.1.3　确定目标

确定专利分析的具体对象及目标，例如特定技术主题、主要竞争者、核心专利技术、技术发展趋势与方向等。

3.1.4　选择工具

根据专利分析的目标以及各种专利数据库的内容和特点，选定需要使用的专利检索数据库。同时，选定适宜的分析软件。

各数据库和分析软件的特点以及选用标准在本书第二章中已有详细讲解，在此不再赘述。

3.2　采集样本数据

本阶段的任务主要是通过专利检索获得用于分析的样本数据。

3.2.1　拟定策略

根据所确定的具体分析目标和技术领域，以及所选定的数据库的使用要求和特点，确定在各个数据库中的检索策略和具体检索式。

在检索式的构建中，关键词的选取是否准确、全面至关重要。通过对所要分析的主题进行层级式技术分解，可以帮助检索人员更好地理解和选定关键词。

例如，针对智能手机技术进行的某项专利分析中，在拟定检索策略时，首先通过对相关领域技术文献的阅读，整理得到了技术分解表（参见表3-1），表3-1一目了然地显示了智能手机技术在人机交互领域所涉及的主要技术点。这种技术分解工作不仅有助于关键词的选择，也将大大方便后期的数据标引工作。

表3-1　智能手机人机交互技术分解表（节选）[1]

一级分支	二级分支	三级分支	四级分支
人机交互	触控技术	结构设计	屏幕结构
			电路结构
		手势识别	点击
			轨迹
			手写
	感应技术	磁力感应	—
		光感应	—
		加速度感应	—
		距离感应	—
		陀螺仪感应	—
	语音识别	—	—

3.2.2　进行检索

利用编制完成的检索策略和具体检索式在选定的数据库中进行专利检索。在专利检索过程中，一般需要根据初步检索结果对最初拟定的检索策略和检索式进行1~2次的调整，以避免出现误检或漏检。

3.2.3　形成样本

对利用最终确定的检索策略和检索式进行检索获得的数据集合进行整理，形成用于数据分析阶段的样本数据库。

具体的专利检索方法和技巧可以参考本书第二章的内容。

3.3　分析样本数据

本阶段主要是通过对分析样本数据库中的数据集合进行清理和分析后，提取出所需的信息。

---

[1]　杨铁军. 产业专利分析报告（第5册）［M］. 北京：知识产权出版社，2012：16.

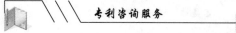

3.3.1 清洗数据

所谓清洗数据是指根据预先设定的规则或规范，对采集的原始数据进行加工和整理，使之变成格式统一的、符合统计分析要求的规范化数据。

清洗数据的主要工作包括：

（1）进行数据标引

数据标引是针对专利数据进行的深加工，通过数据标引可以使普通的专利信息上升为有价值的专利情报，它是数据清洗中最重要的工作之一。一般而言，标引内容包括常规数据的标引和技术分支、技术功效的标引。

常规数据的标引包括对于申请人、申请日、申请号、公开号、公开日、分类号、国别/省市、审批历史、优先权、同族专利信息、申请人类型、申请人国别等信息的标引，一般可以直接从数据库中导出，也可以通过特定的软件完成；技术分支的标引是以前文所述的技术分解表为基础，确定某一篇专利文献所属的各级技术主题的标引，通常需要人工阅读后确定；技术功效的标引是对某一篇技术文献所采用的技术方案、解决的技术问题、取得的技术效果等信息的标引，一般也需要人工阅读后确定。❶

在进行技术分支的标引时，可以用一位数字代表一级技术分支，两位数字来代表二级技术分支，三位数字代表三级技术分支，依此类推。例如针对数据采集步骤中的表 3-1，在进行标引时可以根据表 3-2 中的代码进行。

表 3-2　技术标引表

一级分支	标引代码	二级分支	标引代码	三级分支	标引代码	四级分支	标引代码
人机交互	1	触控技术	1.1	结构设计	1.1.1	屏幕结构	1.1.1.1
						电路结构	1.1.1.2
				手势识别	1.1.2	点击	1.1.2.1
						轨迹	1.1.2.2
						手写	1.1.2.3
		感应技术	1.2	磁力感应	1.2.1	—	—
				光感应	1.2.2	—	—
				加速度感应	1.2.3	—	—
				距离感应	1.2.4	—	—
				陀螺仪感应	1.2.5	—	—
		语音识别	1.3	—	—	—	—

利用上述方法进行标引，具有以下优点：

易扩展性。通过上述方法进行标引可以很方便地对技术分支和技术分解表进行扩展，快速增加新的技术分支，或者对原有的技术分支进行深层次的扩展，而原有的数

---

❶ 谢顺星，等. 刍议搭建科学合理的企业专利工作构架［N］. 中国知识产权报，2012-06-08（8）.

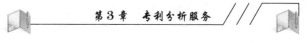

据标引结构则不用作任何变化。如表 3 - 2 中要增加新的一级分支"应用与服务"时即可直接标为 2。

直观性。采用上述方法进行标引可以从标引代码直观地表现出其所属的技术分支，如在看到 1.1.1 这个三级技术分支的标引代码之后，就可以直观地了解其所属的二级技术分支为"触控技术"、一级技术分支为"人机交互"，这样即可直观清晰地了解该技术分支在整个技术分解表中所处的位置。

便捷性。可在 EXCEL 中利用该标引方法进行处理，不需要手动输入汉字，也不需要利用鼠标选择下拉菜单，只需要通过小键盘输入数字即可，可在一定程度上提高工作效率。

由于数据标引是对专利文献的摘要和全文进行阅读后所给出的分类，属于专利信息深层次的挖掘过程，这种深层次的数据挖掘必然会加深对于前期检索到的专利数据的认知程度，也会带来对于之前确定的技术分解表的调整和提升。❶

（2）改正明显错误

从数据库中检索导出的数据可能会存在一些影响分析结果的明显错误，例如分类号中的数字"0"误为字母"O"、同一术语中的括号有的为全角符号，有的为半角符号、明显的错别字等，这些错误如果涉及所标引的字段，不进行更正的话，必然导致对统计分析结果的影响，因此改正明显错误也是清洗数据时的一项重要工作，且贯穿数据清洗的全过程。

（3）统一申请人名称

在申请人提交专利申请时，有时使用的公司名称或翻译名称不完全相同，同一申请人也可能在不同的国家或地区利用其子公司的名义进行专利申请，另外企业进行兼并、收购等情况时也可能使得专利权人发生变化，因此，为了提高专利分析结果的准确度，根据专利分析的目标等具体情况，通常需要对申请人的名称进行清洗处理。

例如，某针对 LG 开展的专利分析工作，首先就需要了解在专利文献中出现的、与之相关的所有申请人或专利权人的名称，具体如表 3 - 3 所示，之后根据需要进行统一、合并等处理。

表 3 - 3　申请人合并

合并后	合并前
LG	LG 电子有限公司；LG 情报通信株式会社；LG 电子株式会社；乐金电子（昆山）电脑有限公司；乐金电子（惠州）有限公司；乐金电子（南京）等离子有限公司；乐金电子（沈阳）有限公司；乐金电子（天津）电器有限公司；乐金电子（中国）研究开发中心有限公司；南京 LG 同创彩色显示系统有限责任公司；上海乐金广电电子有限公司

❶ 谢顺星，等. 刍议搭建科学合理的企业专利工作构架［N］. 中国知识产权报，2012 - 06 - 08（8）.

续表

合并后	合并前
LG	LG ALLIED SIGNAL CORP；LG ALPS ELECTRONICS CO LTD；LG BROADCAST & TELEVISION E-LECTRONICS CO；LG BROADCASTING ELECTRONICS CO LTD；LG C & D JH；LG CABLE & MA-CHINERY CO LTD；LG CABLE & MACHINERY LTD；LG CABLE CO LTD；LG CABLE INC；LG CA-BLE LTD；LG CABLE；LG CALTEX GAS CO LTD；LG CARD CO LTD；LG CHEM AMERICA；LG CHEM CO LTD；LG CHEM EURO GMBH；LG CHEM INC；LG CHEM IND CO LTD；LG CHEM INVEST-MENT LTD；LG CHEM INVESTMENTS LTD；LG CHEM LTD；LG CHINA RES DEV CENT CO LTD；LG CNS CO LTD；LG CNS INC；LG CO LTD；LG COMMUNICATIONS & INFORMATION LTD；LG COMMU-NICATIONS CO LTD；LG CONSTR CO LTD；LG CORP；LG DACOM CORP；LG DENSEN CO LTD；LG DEV；LG DISPLAY CO LTD；LG DISPLAY CORP；LG DISPLAY LCD CO LTD；LG DISPLAYS CO LTD；LG EDS SYSTEMS INC；LG EI JH；LG EI LTD；LG ELECTRIC IND CO LTD；LG ELECTRICAL CO LTD；LG ELECTRICS INC；LG ELECTRO – COMPONENTS CO LTD；LG ELECTRONIC CO LTD；LG E-LECTRONIC COMPONENTS CO LTD；LG ELECTRONIC COMPONENTS INC；LG ELECTRONIC COMPO-NENTS LTD；LG ELECTRONIC COMPUTER CO LTD；LG ELECTRONIC DEV CENT；LG ELECTRONIC DEVICE；LG ELECTRONIC HUIZHOU CO LTD；LG ELECTRONIC INC；LG ELECTRONIC PIANJIN AP-PLIANCES CO LTD；LG ELECTRONIC PLASMA CO LTD；LG ELECTRONIC REFRIGERATORS CO LTD；LG ELECTRONIC RES & DEV CENT CO LTD；LG ELECTRONIC RES & DEV CENT；LG ELECTRONIC RES & DEV CO LTD；LG ELECTRONIC RES DEV CENT CO LTD；LG ELECTRONIC RES DEV CENT；LG ELECTRONICA INC；LG ELECTRONICS APPLIANCE CO LTD；LG ELECTRONICS APPLIANCES CO LTD；LG ELECTRONICS CO INC；LG ELECTRONICS CO LTD；LG ELECTRONICS CO；LG ELEC-TRONICS COMPUTER CO LTD；LG ELECTRONICS ELECTRIC APPLIANCE CO LTD；LG ELECTRONICS INC CO LTD；LG ELECTRONICS INC；LG ELECTRONICS IND CO；LG ELECTRONICS INVESTMENT LTD；LG ELECTRONICS LLP；LG ELECTRONICS LTD；LG ELECTRONICS PARTS JH；LG ELEC-TRONICS PLASMA CO LTD；LG ELECTRONICS PLASMA INC；LG ELECTRONICS；LG ENG CO LTD；LG ENVIRONMENTAL STRATEGY INST；LG ERICSSON CO LTD；LG FOSTER CO LTD；LG FOSTER LTD；LG GROUP；LG HAUSYS CO LTD；LG HAUSYS LTD；LG HEALTH LIFE CO LTD；LG HEALTH LTD；LG HITACHI DATA STORAGE KOREA CO LTD；LG HITACHI LTD；LG HOME PROD LLC；LG HOME SHOPPING INC；LG HONEYWELL CO LTD；LG HOUSEHOLD & HEALTH CARE LTD；LG HOUSEHOLD & HEALTHCARE LTD；LG INC；LG IND CO LTD；LG IND DEVICES CO LTD；LG IND ELECTRIC CO LTD；LG IND ELECTRONICS CO LTD；LG IND SYSTEM CO LTD；LG IND SYSTEM；LG IND SYSTEMS CO LTD；LG IND SYSTEMS INC；LG IND SYSTEMS；LG INFORMATION & COMMUNI-CATION CO LTD；LG INFORMATION & COMMUNICATION LTD；LG INFORMATION & COMMUNICA-TIONS LTD；LG INFORMATION & TELECOM CO LTD；LG INFORMATION & TELECOM CO

3.3.2 聚集数据

这项工作包括两层含义：一是按照专利分析目标，选定本次分析用的各种专利指标，例如专利数量指标、专利增长率指标、专利技术指标、专利引证指标、专利族指标等；二是按照选定的专利指标借助分析软件或 EXCEL 对经过清洗的数据进行统计

或加工，并生成各种可视化图表，必要时还应建立深度分析目标群。

常用的分析指标以及分析维度如表3－4所示，在具体分析时应根据不同的分析目的选择适宜的分析指标及分析维度。

表3－4　技术分析表

分析指标	分析维度
专利数量指标	年度申请趋势分析
	主要申请人排名分析
专利增长率指标	年度增长情况分析
	主要申请人增长情况分析
专利技术指标	技术功效分析
	技术路径分析
专利引证指标	向前引证分析
	向后引证分析
专利族指标	同族数量分析
	地域分布分析

3.3.3　解读信息

采用定量分析、定性分析和拟定量分析等分析方法综合有关信息，并进一步归纳和整理、抽象和概括，从而提取出达到分析目的所需的各种信息。

3.4　撰写分析报告

3.4.1　撰写初稿

根据上述数据分析的结果，撰写专利分析报告初稿。

专利分析报告初稿通常应当包括：技术背景、分析目标、数据来源、分析内容和结果、结论与建议等内容。

（1）技术背景

技术背景主要是指专利分析所涉及的领域或行业的技术现状，在技术背景部分应阐述专利分析所涉及领域或行业的技术发展状况，包括技术发展历史、技术特征、技术热点、技术领先者或主要竞争者的基本情况等。在可能的情况下，还应当对市场环境予以适当的描述。此外，在技术背景部分还应当考虑分析报告阅读者的情况，针对不同的阅读者，如政府机关领导、行业主管、企业管理层和企业技术主管提供不同程度的背景技术介绍。

（2）分析目标

专利分析的目标源于特定的问题，在通常情况下，分析目标的确定需要分析人员与委托人进行磋商后确定，分析目标的明确与否直接关系到专利指标的选定、组合以及信息分析过程的整体走向。如欲了解太阳能电池领域的整体状况、技术领先者或细分技术类别的热点等，应当先确定分析层面（如国家级还是企业级），进而才能设定

第
3
章

专利信息的分析维度。否则，有可能因分析目标的模糊而导致分析结果的偏差。

（3）数据来源

具体记载与数据来源相关的方方面面，包括所使用的数据库、检索策略和检索式、数据采集范围和时间跨度、分析软件等。

（4）分析内容和结果

具体阐明数据统计加工方法，并结合所得到的各种可视化图表，详细描述数据分析结果。

（5）结论与建议

对数据分析结果进行综合归纳，得出最终的分析结论。同时，在本部分中还应当综合国家相关法律法规、政策，以及相关领域或行业的竞争环境等内容，结合分析结果提出合理化的建议。如对于一个可能造成侵权的分析结果，在结论与建议部分应当提出规避侵权的具体措施或策略，如对相关专利提出无效请求或采取与专利权人谈判以寻求技术合作、合资或技术许可等途径，从而避免由于侵权可能给委托人所造成的损失。

3.4.2 确定终稿

根据实际需要，聘请相关专家通过座谈会、研讨会等方式对上述专利分析报告初稿提出修改意见。

根据专家意见对分析报告进行修改和调整，确定分析报告终稿。

第 2 节 专利分析方法

专利分析方法通常分为定量分析法和定性分析法。本节主要对常用的定量分析方法与定性分析方法进行阐述。

1 专利相关人分析

专利相关人包括专利申请人、专利权人、发明人等，对专利相关人的分析主要是了解相关人的专利状况、研发优势等。由于专利授权后，专利申请人即成为专利权人，因此本部分重点就与专利申请人和发明人有关的专利分析进行阐述。

1.1 申请人分析

专利申请人作为专利文献中的一个信息要素，在专利分析中占有举足轻重的地位。通过对专利申请人分析，可以了解不同申请人的经营方向、技术优势领域，也可以判断某一具体技术主要由哪些机构或企业掌握，还可以挖掘出行业内的领军企业和竞争者，为企业分析竞争环境、制定竞争策略和专利战略等提供参考依据。

在对专利申请人进行分析时，可能会涉及多个要素变量，而不同的要素或不同数量的要素组合，都可能判断或预测出专利申请人的不同侧面与特点。在专利申请人分析中，分析维度主要包括：申请人申请趋势分析、申请人技术构成分析、申请人区域分布分析、申请人与发明人相关性分析等。

图3-2是A公司和B公司自1985年以来各年的专利申请趋势图，该图中横坐标为年份，纵坐标为专利申请量，通过将A公司和B公司在同一时间段的专利申请量进行比对，可以清晰地发现两申请人之间的差异。图3-2中显示，A公司专利布局意识较强，从中国专利法开始实施当年就提交了专利申请，但B公司后来者居上，从2005年开始专利申请量急剧增加，根据这些信息，可以推测B公司在近几年调整了专利策略，加大了研发力度。

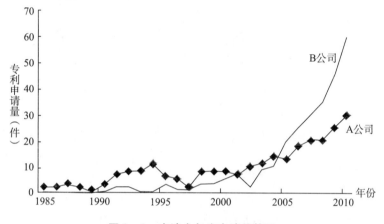

图3-2 申请人年度申请趋势图

图3-3是某技术领域申请人分析图，该图中横坐标为申请人，纵坐标为专利申请量，通过将该技术领域各申请人的专利申请量进行比对分析，可以了解这一技术领域各公司的专利情况。图3-3中显示，D公司、I公司和G公司为本技术领域处于行业重要地位的专利申请人，这三家申请人具有相对较强的专利实力和技术实力。此外，通过进一步分析这些公司具体的技术专长，并将其与本企业的潜力相比较，就可以选择技术合作伙伴，还可以考察本企业进入一个特定技术领域的潜力大小。

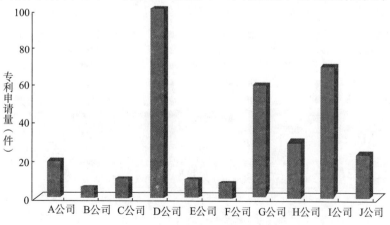

图3-3 某技术领域申请人分析图

图 3 – 4 是某申请人在 2006 ~ 2010 年间的专利申请与授权情况分析图。图 3 – 4 中横坐标为年份，纵坐标为专利申请量，从该图中可以看出，该申请人在这 5 年间的专利申请量和授权量都是逐年增加的，说明该申请人近年来的专利活动持续且活跃。

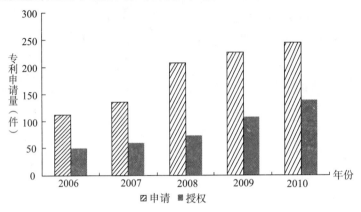

图 3 – 4　某申请人专利申请与授权分析图

1.2　发明人分析

发明人是技术的创造者，通过对发明人进行分析，一方面可以帮助企业发现本领域内的优秀研发人员，为人才引进提供参考依据；另一方面可以帮助企业了解竞争者公司研发人员的配置和架构，有助于企业深入了解竞争者的研发思路和管理方法。例如，如果某一个竞争者对某一特定技术领域安排了更多的研究人员或者减少了研究人员，说明它们更重视某些领域或准备减少对某些领域的投入。

对发明人的分析维度主要包括：发明人发明趋势分析、发明人技术构成分析、发明人区域分布分析、发明人与申请人相关性分析等。

图 3 – 5 是某公司的发明人分析图，该图中纵坐标为年度，横坐标为专利申请量，该图通过均匀时间间隔中对发明人相关统计数据的分析，可以了解该公司发明人研发的活跃期，预测其未来的发明趋势。图 3 – 5 中显示，该公司发明人 E 的活动年份较

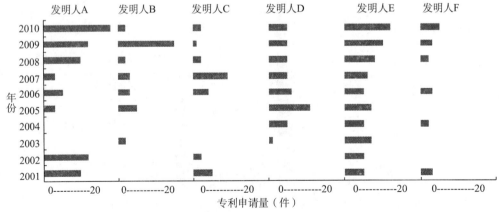

图 3 – 5　某公司发明人分析图

长，从 2001 年开始，近十年每年都有明显的产出，该图可为预测该公司未来的发明趋势以及从该公司挖掘优秀人才提供参考依据。

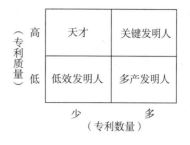

图 3 − 6 发明人类型模型图

通过对发明人的具体分析还可以发现发明人的类型。发明人类型的概念是由 Holger Ernst 提出的，2000 年时他提出了基于专利申请活跃度和专利质量分析的发明人类型模型，如图 3 − 6 所示。❶ 根据专利数量和专利质量的不同，发明人类型包括：天才、关键发明人、低效发明人和多产发明人。一些关于专利状况和公司绩效的经验研究表明，仅以专利申请活跃度来考核发明人绩效会抹杀关键发明人与多产发明人的区别；天才发明人对公司竞争力的重要性大于多产发明人；天才发明人与关键发明人开展协作研究能更好地提升研发绩效。

通过对发明人类型的分析，可以更好地判断各发明人为公司作出的贡献，协助企业通过各种发明人类型的组合来调整发明策略。假如专利质量可以以专利类型（发明、实用新型、外观设计）进行初步判断，且图 3 − 5 中所示的专利申请全部为发明专利申请（代表专利质量较高）的话，则以图 3 − 6 所示的发明人类型为依据对图 3 − 5 所示该公司的发明人进行判断，即可确定发明人 E 为关键发明人。

2　竞争者分析

在日益激烈的市场竞争中，企业经营者必须了解竞争态势，了解竞争者，对主要竞争者的技术实力、经营活动实施跟踪和分析。

通过把竞争者申请的全部专利按类别进行排序并考察其分布情况，可准确判断出竞争者的研究与开发重点所在，以及竞争者的技术政策和发展方向；通过考察竞争者专利申请与专利授权数量的比例，可以分析其技术开发研制效益情况；通过考察竞争者国外专利申请数量与国内专利申请数量的比例可以分析其经济实力；通过考察竞争者每年申请的发明专利数量与实用新型数量的比例可以分析其技术实力等。

在竞争者分析中，竞争者的确认与识别是对竞争者进行可靠分析的基础和关键。竞争者的识别就是通过判断所有可收集的相关信息来判断行业内外主要的竞争者和可能潜在的竞争者。竞争者的识别需要确定相应的标准，该标准要符合企业的实际情况，不能太高也不能太低。若识别标准太低，会使得竞争者范围过大，可能导致企业监测成本的加大及不必要的浪费；若识别标准太高，会使得竞争者范围过小，可能导致企业无法应付来自未监测到的竞争者的攻击。

识别和确认竞争者后，还应对竞争者的技术实力进行评估。竞争者技术实力的评

---

❶　转引自：肖沪卫. 专利地图方法与应用［M］. 上海：上海交通大学出版社，2011：109.

估是判断竞争者专利战略竞争力的基础，也是知己知彼、参与技术竞争的必要准备。竞争者的技术实力取决于多种条件，因此很难从单独或部分指标来进行评价，但是通过相关的多项专利指标，可以较为客观地推测企业技术实力。

完成对竞争者的实力评估后即可开展对竞争者的分析，对竞争者的分析一般包括以下几个维度：申请趋势分析、研发团队分析、专利布局分析等。

图 3-7 是对某技术领域的两家竞争者的优势领域的分析图。图中横坐标为两家竞争公司的主要技术领域，纵坐标为两公司在各技术领域的专利申请量。从图中可以看出，B 公司在技术领域 1 和技术领域 3 比 A 公司有优势，但是在技术领域 2 则不如 A 公司。通过该图可较直观地看出竞争公司在每个技术类别上的专利数量，判断出各竞争公司在该技术类别上的实力强弱及其技术分布，从而可以让企业了解各竞争公司之间技术领域发展的差异性，以及各公司主要研发重点方向。

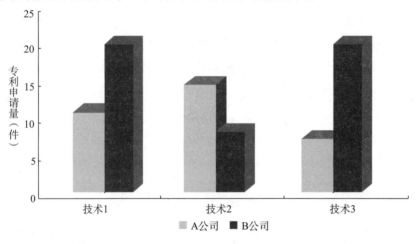

图 3-7 竞争者分析图

图 3-8 是某技术领域主要技术竞争者分析图。该图中横坐标为公司名称，纵坐标为专利申请量。从图中可以看出，A 公司在该技术领域的专利活动中占有绝对的优势。

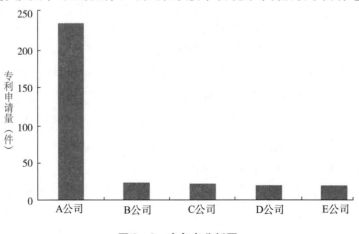

图 3-8 竞争者分析图

3 地域分布分析

地域分布分析可以反映一个国家或地区的技术研发实力、技术发展态势、重点发展技术领域、区域领先企业、国际上对该区域的关注程度、对该区域的专利圈地情况，还可以发现行业发展的主导区域、不同区域内专利研发的重点方向和各区域之间技术的差异性、不同区域内专利技术的主要拥有者（专利权人）和发明人，为企业的专利布局方向和范围提供参考依据。地域分布分析的维度主要包括区域分布分析、区域技术趋势分析、区域技术分类分析、区域申请人分析、区域发明人分析等。

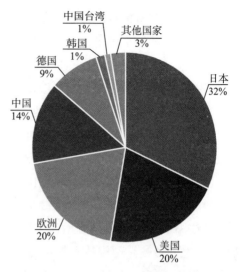

图3-9 某公司专利申请地域分布分析图

在对特定技术或特定申请人所展开的地域分布分析中，可以通过分析专利族的方式来了解地域分布情况。专利族是专利权人就同一项发明创造在多个国家或国际专利组织申请专利而产生的一组内容相同或基本相同的专利文献出版物。通过同族专利之间的相互比较，可以获悉那些在基础专利中没有记载的最新技术。通常情况下，越是重要的发明创造，申请的国家越多，技术发展也最活跃。此外，由于专利族包括某一发明创造在不同国家的保护信息，从而在一定程度上反映该发明创造的经济价值，因为在一般情况下，一个企业只会将有重要经济价值的发明创造在世界范围内申请专利，申请专利保护的国家越多，专利的商业价值一般就越高。

图3-9是某公司专利申请地域分布分析图，从该图中可以初步判断，该公司在全球的专利布局并不是很广泛，但非常集中，可以看出，该公司对专利的关注集中于日本、美国、欧洲和中国。

4 技术主题分析

专利常常按一种特定的技术类目进行分类，分类信息经常被用来研究国家专利活动强势领域或企业的技术分布领域，这种分析即技术主题分析。通过对技术主题的分析可以揭示出国家或企业对特定技术领域的投入和关注程度，对辨别它们的研发与创新方向和技术发展的总体趋势具有显著作用。此外，仅从企业层面上而言，技术分布还显现了企业的技术轮廓和市场竞争策略，可以用来研究企业的创新战略、技术多样性，以及企业在不同领域的技术活动组合，分析相关产业和技术领域的领先者及竞争者的专利研发活动和研发能力以及行业技术创新热点及专利保护特征等。另一个方面，这些信息可以为企业寻找可能的合作伙伴提供有意义的参考依据。

4.1　IPC 分类分析

技术主题分析常常借助 IPC 分类来实现，由于 IPC 是根据专利申请涉及的技术方案所属的技术领域来确定的，因此可以利用 IPC 分类号比较粗略地确定专利申请的内容，大致反映某件专利涉及的技术范围。

通过分析某领域内的专利所涉及的 IPC 分类号，以及这些 IPC 分类号下分别包括的专利数量，就能够获知该领域的技术构成情况，以及该领域内市场经营主体关注的技术点。技术主题分析的分析维度主要包括：IPC 专利分类分析、IPC 专利技术历年活动分析、竞争国家 IPC 专利件数分析、竞争公司 IPC 专利件数分析等。

图 3 - 10 是某地区近五年专利申请的技术分布情况，其中气泡的高低反映了该技术领域的专利申请数量，气泡的大小反映了该技术领域的专利申请量所占比例的大小，从该图中可以看出，该地区专利申请集中在 G06F（电数字数据处理）和 H04L（数字信息的传输）两类技术领域中，该两类技术领域的专利申请占据了该地区专利申请的主流，成为该区域近五年来技术研发的重点和焦点。

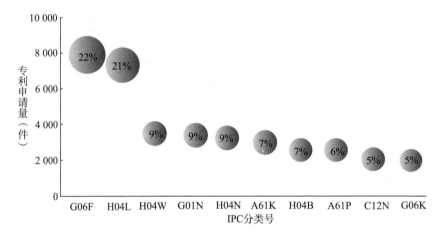

图 3 - 10　IPC 分类分析图

4.2　技术路径分析

技术主题分析的另外一种类型为技术路径分析，通过技术路径分析可以确定技术的发展过程，了解技术的起源及发展情况，同时通过技术路径分析可以了解相关技术领域专利权人在时间和空间上的联系和分布，为企业确定研发方向提供强有力的依据。

表 3 - 5 是某企业在滤清器技术上的发展情况分析，通过对该企业在滤清器技术上的分析可以看出该企业的技术发展脉络，了解该技术的发展情况，为该企业确定或调整研发方向提供依据。

表 3-5 某企业在滤清器技术上的发展分析

公开号	申请年份	技术主题	优点
ES2011882A6	1988	用纸做过滤材料的空气滤清器	增加滤纸过滤面积
WO1998030798A1	1997	用玻璃纤维做增强材料的空气滤清器	简化流程,降低成本
DE19737700A1	1997	网状滤芯	回收容易,强度高
EP1051232A1	1998	用纸做过滤材料的空气滤清器	滤芯材料采用纸,利于回收
DE19941303A1	1999	用纸做过滤材料的空气滤清器	使用较少的过滤材料,降低成本
US6640794B2	2002	用氧分子膜做过滤材料的空气滤清器	减少进气系统重量,降低系统生产成本
US20040031252A1	2003	非织布过滤器	可长时间分离油滴
US7845500B2	2006	机油滤清器	良好的过滤能力和较低的流压穿过滤清器
DE102007016161A1	2007	制造采用无纺布或泡沫材料的滤清器	整个过滤系统用料少
US20090120868A1	2008	传动油滤清器	用吹制融化层有效防止玻璃纤维或纤维碎片进入被过滤的液体
EP2175959A1	2008	含合成纤维的空气滤清器	在较小的空间内实现空气过滤,且重量轻
DE102009050697A1	2009	纤维素羊毛滤芯及滤清器结构	滤芯设计紧凑,节省空间
WO2011082933A1	2010	紧凑型滤清器,包括平滑过滤介质和波纹过滤介质	过滤介质含人工合成材料和非合成材料,延长了滤清器的寿命
US20100236206A1	2010	滤芯的制备方法,由平滑材料和波纹材料组成	粘合剂涂抹方法增强了波纹材料和平滑材料的粘合度,使滤芯的过滤效率得到提高
WO2011047963A1	2010	羊毛过滤材料的折叠和压缩方法	过滤介质边缘被压平,防止边缘被磨损

通过技术路径分析还可以绘制某一领域技术发展路线图,了解不同时间技术要素的特征以及技术要素的变化,从另一个侧面了解技术发展方向,并提供可能的新产品开发技术的线索。

图 3-11 为 CD 领域技术发展路线图。从图中可以清晰地看出,该技术领域各个阶段不同的发展方向。

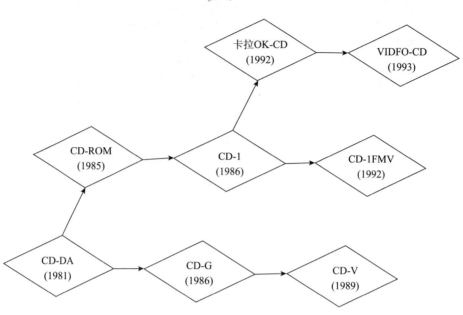

图 3 – 11　CD 领域技术发展路线图

5　技术功效分析

技术功效分析是指对专利技术手段与该技术手段实现目的或效果（功效）之间关联性的分析。通过对专利内容的解读，分别从技术和功效角度进行标引并统计，据此结果制作出同时包含技术和功效的专利地图，称为专利技术功效图。

通过技术功效图可以揭示技术和功效二者之间的关系，较好地解析专利中隐藏的信息内容和潜在技术特征，了解技术密集区、地雷禁区和尚未被开发区域等内容，从而为企业进行技术挖掘或技术创新提供依据。

在进行技术功效分析时，为了清晰、全面地把握每一篇专利文献所蕴含的技术和功效信息，可以利用绘制鱼骨图的方式，对所要分析的主题从技术和功效两个角度进行分类，制作出相应的鱼骨图，直观地显示出技术和功效分类情况。例如，为了对有机薄膜晶体管（OTFT）技术进行详尽的技术功效分析，首先通过对相关文献的阅读，分别绘制出了 OTFT 技术分类鱼骨图和 OTFT 功效分析鱼骨图，如图 3 – 12、图 3 – 13 所示。❶

之后根据上述鱼骨图对检索到的专利文献进行标引和统计分析，制作出技术功效矩阵分布图，如表 3 – 7 所示。❷

---

❶　徐宏智，等. OTFT 专利分析与其研发策略关系之探讨［J］. 台北科技大学学报，41：141.

❷　谢顺星，等. 刍议搭建科学合理的企业专利工作构架［N］. 中国知识产权报，2012 – 06 – 08（8）.

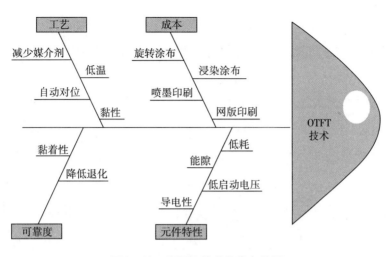

图 3 – 12　OTFT 技术分类鱼骨图

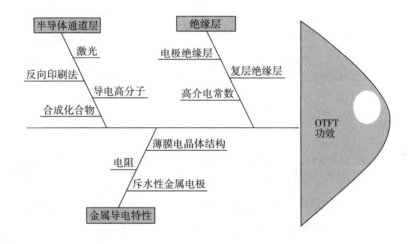

图 3 – 13　OTFT 功效分类鱼骨图

　　在表 3 – 7 中，横栏为专利文献中采用的技术手段种类，纵列为专利文献中所要达到的功效种类。从该表中可以看出，有很多个没有专利申请的空格，这些空格即构成技术效果和技术方案之间的空白点，企业可以从中寻找适合本企业的技术方案和技术效果，定位本公司的研发方向和研发路线。

　　值得注意的是，技术空白点的出现是由多种因素造成的，可能是他人发现对该空白点的研发需要太多的精力而导致难度过大；也有可能是被他人所忽略；更有可能是利用现有技术尚未攻克的难点。究竟是哪一种原因，还需要结合其他信息进行综合判断。

第3章

表 3-7　技术功效矩阵分布表

技术/功效		元件特性				工艺				成本				可靠度	
		导电性	能隙	低启动电压	低耗	低温	自动对位	减少媒介剂	黏性	喷墨印刷	浸染涂布	网版印刷	旋转涂布	黏着性	降低退化
绝缘层	复层绝缘层	1	1	0	0	0	0	0	0	0	1	0	1	0	0
	高介电常数	0	0	0	0	1	0	0	0	0	0	0	0	0	0
	电极绝缘层	0	0	1	1	0	0	0	0	0	0	0	0	0	0
半导体通道层	导电高分子	4	0	2	1	2	3	1	1	3	2	4	5	0	0
	激光	0	0	0	0	0	0	0	0	1	0	0	0	0	0
	反向印刷法	0	0	0	0	0	0	0	1	0	0	1	0	0	0
	合成化合物	1	1	1	0	0	1	0	0	2	1	3	1	3	4
金属导电特性	斥水性金属电极	0	0	0	0	0	0	0	0	0	0	0	1	0	0
	薄膜电晶体结构	0	0	1	0	0	0	0	0	1	0	1	0	0	1
	电阻	1	0	0	0	0	0	0	1	1	0	1	0	0	0

6　专利引证分析

专利引证分析是指利用各种数学和统计学的方法，以及比较、归纳、抽象和概括等逻辑方法，对专利文献的引用或被引用现象进行分析，以揭示专利文献之间、专利文献与科学论文之间的相互关联的数量特征和内在规律的一种文献计量研究方法。由于一篇专利文献中往往涉及多个技术点，因此每篇专利文献所引证的其他专利文献可能有很多篇。将某领域内有关专利的相互引证情况进行缕析，按照一定的时间顺序以连线方式绘图后，往往形成一张较为复杂的专利网，如图 3-14 所示。

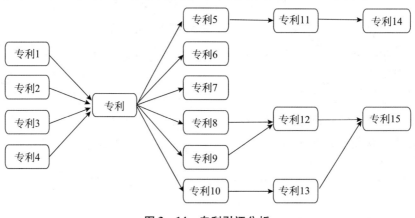

图 3-14　专利引证分析

通过专利引证分析可以帮助寻找核心专利。通常情况下，专利越重要，被引证的次数就越多。在某领域内被引证次数最多的专利文献，很可能涉及的就是该领域内的核心技术。换一个角度说，如果某项专利引证其他专利的数量越少，说明该技术专利技术更基础；如果某项专利引证其他专利数量越多，说明该项技术已比较成熟，主要是对先前技术的改进。

通过专利引证分析还有助于评价特定技术领域内各公司的相关地位，这是因为通过引证和被引证技术之间的联系能够勾画出公司之间的关系，从而决定哪个公司是原始产品的生产者，哪个公司是该技术革新后的使用者。如果一个公司的专利被其他许多公司引用，该公司必然处在这一行业的中心位置，如果没有哪个公司明显地处于中心位置，那么就说明该项技术不被任何公司所垄断。

在专利引证分析中，依据各竞争公司的专利数量、被引证次数、自我引证次数以及引证其他公司专利的次数，还可以定位各公司的竞争模式，如表 3－8 所示。

表 3－8　竞争公司类型表

类　　别	技术先锋型	特立独行型	跟随型	昙花一现型
专利数量	多	多	多	少
被别人引证次数	多	少或无	少或无	少或无
自我引证次数	多	多	少或无	少或无
引证他人次数	少或无	少或无	多	少或无

其中，技术先锋型公司本身拥有的专利数量较多，并且由于技术领先，所以专利常常被其他公司引证，而其引证他人专利的次数较少；特立独行型的公司所采用的技术相当独特，基本没有其他公司跟随开发；跟随型公司拥有的专利数量也比较多，但主要是跟踪他人专利技术开发出的周围专利，因此，其引证其他公司专利的次数较多；昙花一现型的公司，其专利数量很少，更谈不上引证情况，其在该技术领域内就如昙花一现，不再有后续发展。

在具体的引证分析实践中，最重要的分析指标之一为引证率分析。引证率表示某公司专利平均被引用的次数，通过该公司专利被引用的总次数除以其专利件数比值的大小来体现。专利引证率的高低在一定程度上也会受到公开时间的影响，排除该影响因素的情况下，引证率越高的公司，表示该公司专利平均被引用的次数越多，专利质量越高。表 3－9 为专利引证分析表，排除公开时间影响的情况下，由于 A 公司的引证率最高，可以判断其专利质量较高。

表 3－9　专利引证分析表

企业名称	专利数量	自我引证数	被他人引证数	引证总次数	引证率
A 公司	5	20	100	120	24
B 公司	5	10	20	30	6
C 公司	5	10	5	15	3

7 技术生命周期分析

技术生命周期分析是专利分析中最常用的方法之一。所谓专利技术生命周期是指在专利技术发展的不同阶段中，专利申请量与专利申请人数量的一般性的周期性的规律。❶ 通过技术生命周期分析，可以分析专利技术所处的阶段，了解相关技术领域的现状，推测未来技术发展方向，为企业拟定研发策略提供参考。

如同产品一样，技术也具有一定的生命周期，从技术演变的过程，可以确认其不同的发展阶段。一般来说，技术的发展可能经历起步期、发展期、成熟期、下降期、复苏期等几个阶段。图 3 – 15 是一个比较完整的技术生命周期图，它是利用某段时间内与某项技术相关的专利申请的数量和相应的专利申请人数量的变化情况绘制而成的。

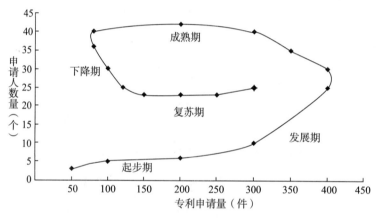

图 3 – 15   技术生命周期示意图

通常，在技术的起步期，专利申请量和申请人数量均比较少，此时技术大多仍处于实验开发阶段，尚未商品化；随后专利申请量大幅上升，申请人数量也迅速增加，技术进入发展期，有大量产品专利产生；进入技术成熟期后，专利申请量继续增加，但申请人数量基本维持不变，所提交专利申请多为改进型专利；之后，经过市场淘汰，申请人数量大为减少，专利申请量维持稳定，以小幅改进型专利为主，技术的发展进入了下降期，进展不大；如果专利申请量和申请人的数量又开始增加，表明出现了新的技术发展方向，技术的复苏期开始了。

了解技术的发展阶段，对于一个企业判断是否应当介入该技术领域的业务是非常有益的。如果某项技术已经进入了成熟期，意味着技术发展的空间已经比较小，企业若想在技术上取得突破存在较大难度；相反，如果该项技术正处于发展期，则表明还有较大的研发空间，技术投入的回报相对会比较大。

---

❶ 袁辉，等. 专利技术生命周期图示法的应用研究［J］. 专利文献研究，2010（5）.

第3节　专利分析示例

本节通过两个案例说明专利分析的程序与方法。

1　LCD技术专利分析示例

某企业委托某专业公司就LCD领域进行专利分析，目的是全面了解LCD相关技术的专利保护状况。针对该项目的研究过程如下。

1.1　进行分析准备

针对委托内容，首先挑选对LCD领域有足够了解的专利代理人、熟练掌握专利检索和信息分析技能的专利咨询人员与企业的管理人员组成了项目组；之后通过各种方式收集了LCD技术的起源和发展历程、LCD行业技术发展现状、LCD技术的主要应用范围等背景资料，在研读背景资料的基础上，通过与企业进行深入的沟通，确定了本项目具体的分析目标是对LCD技术进行全面的剖析，了解LCD领域专利技术的技术构成情况、地域分布情况、主要申请人的专利分布情况等；与此同时，选定合适的数据库以实现对相关专利数据信息的全面获取。

1.2　采集样本数据

完成分析准备工作后，根据项目的分析目标，在对LCD进行技术分解的基础上拟定检索策略，构建中英文检索式，在所选定的检索平台上进行专利检索，检索过程中不断调整检索式以保证检索的全面性和准确性；之后将所获得的专利数据从检索平台上导出，形成用于数据分析的样本数据库。

1.3　分析样本数据

形成样本数据库之后，首先对样本数据库中的专利数据进行清洗，主要包括改正分析样本数据库中的标引和录入错误；统一数据格式；统一申请人名称、技术术语或翻译用语等，以使所有数据内容完整规范；之后根据项目的分析目标，选定专利数量指标、专利增长率指标、专利族指标等作为项目具体的分析指标，进行专利分析。

1.4　撰写分析报告

在上述所有工作的基础上，完成了LCD技术专利分析报告，该报告的部分内容如下。

LCD技术专利分析报告　（节选）

近年来，液晶面板一直保持高速增长的态势。统计数据显示，液晶面板的市场规模由2004年的553亿美元上升到2006年的762亿美元，年均增长12.6%。传统的TN/STN LCD产值则由2004年的63亿美元下降到2006年的58亿美元，其所占的比重也降至68%；而代表着新型显示器件的 TFT - LCD 面板产值由2004年的490亿美元增长到2006年的704亿美元，年复合增长率为19.9%，达到了全球平板显示产业产值的82.6%。2007年 TFT 液晶面板的年市场规模达到907亿美元，比上年增长28.8%，占到 LCD 整体市场规模的89%。

相关公司预测，2010年之前，出自中国内地制造商的 TFT - LCD 面板出货量将有望占到全球市场的15%，成为韩国和中国台湾地区最强劲的对手。以上海、南京和无锡为中心的长江三角地区、以深圳、珠海为龙头的珠三角地区和以北京、石家庄为主的环渤海地区，已经成为全球液晶后工序模块的重要生产基地和配套产业聚集区，多以世界级的日本、韩国、中国台湾地区的合资企业为主，形成了规模庞大而相对完整的 LCD 中下游产业链。这一切表明我国 LCD 面板制造企业正在步入竞争时代。我国 LCD 面板制造企业必须提高技术水平和生产效率，才有可能从容应对未来的竞争。

截至2008年12月底，全球公开的 LCD 相关专利申请共382 452件，主要涉及液晶显示器件制造工艺，液晶显示在游戏机、电子计时器、电视机、电话、计算机、广告显示、照明等方面的应用以及液晶材料等领域。❶

1. 全球专利情况分析

LCD 领域全球专利申请量情况及年度增长趋势，如示例1图1所示。该图中显示，LCD 的专利申请在1966～1973年的7年间经历了剧烈的增长期，进一步的分析表明，该一轮的研发高潮是由日本制出 TN LCD 所引发的。

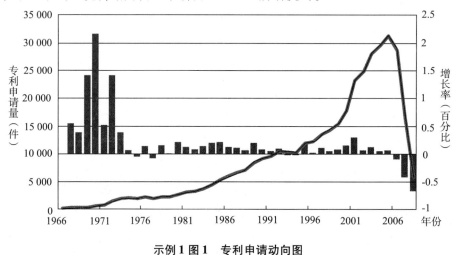

示例1图1　专利申请动向图

2. 全球专利布局

LCD 领域在全球的专利申请中，国家分布情况如示例1图2所示，从该图中可以看出，排名前五位的国家提交了全球77%的专利申请，其中，仅日本一个国家所提交

❶ 北京路浩知识产权代理有限公司，等. 企业专利工作实务［M］. 北京：知识产权出版社，2009.

的专利申请量占据全球总申请量的近一半。中国排名全球第四，专利申请量占据全球专利申请量的8%。

3. 各国申请趋势分析

LCD领域在全球的专利申请中，排名前三位的日本、美国和韩国与中国历年的专利申请情况如示例1图3所示。从该图中可以看出，日本早在20世纪60年代就开始了大量的专利申请，而美国、韩国和中国基本都是在90年代之后申请

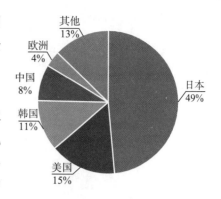

示例1图2　地域分布图

量才开始大幅增加的，但是与日本相比，数量要远远落后。值得注意的是在20世纪70年代后期到80年代前期，美国和韩国的申请量几乎与日本持平。

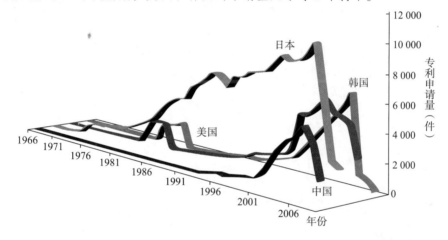

示例1图3　各个国家申请趋势图

4. 主要申请人国别（地区）分析

从申请人来看，LCD领域全球排名前25位的申请人中，日本企业最多，有19家，如示例1图4所示。从该图中可以看出，虽然从总的申请量来看，美国和中国分别排名第二和第四，但是在全球申请大户中并没有企业上榜，证明这两个国家的LCD行业的龙头企业较少。

5. 主要申请人分析

LCD领域全球排名前五位的申请人其申请总量如示例1图5所示，从图中可以看出，前五位的申请人的申请总量差距不是特别大，说

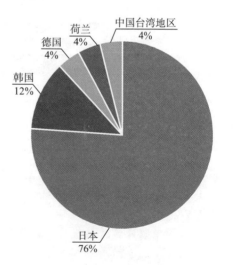

示例1图4　各个国家或地区
优势申请人比例图

明这几家企业的竞争实力均很强，五家企业中没有哪家企业相对其他企业来说具有特别强的竞争优势。尤其是排名第一的三星和排名第二的爱普生相互之间的差距以及排名第三的夏普与排名第四的LG之间的差距相对较小。

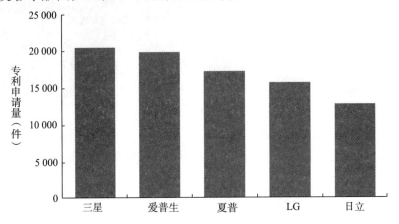

示例1图5　各个申请人申请量对比图

　　尽管示例1图5显示，排名第一的三星和排名第二的爱普生的申请量以及排名第三的夏普与排名第四的LG的申请量差不多，但实际上各企业的年度申请趋势还是有差别的，如示例1图6所示。从该图中可以看出三星前期申请量没有爱普生大，但后期赶超速度快。

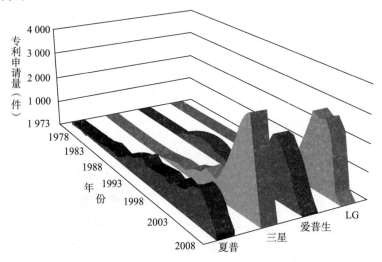

示例1图6　各个申请人申请趋势图

　　6. 中国专利情况分析

　　具体到中国来说，共提交31 006件LCD专利，其中，国内申请人和国外申请人提交专利申请的对比情况如示例1图7所示。该图中显示，在中国的LCD领域，国外申请人提交的专利申请量要大于国内申请人提交的申请量，这说明中国的LCD市场比较受国外企业重视。

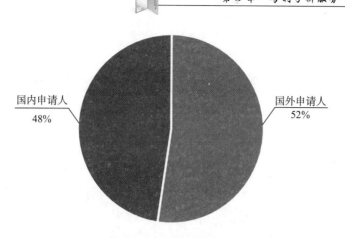

示例 1 图 7　国内外申请人比例图

对国内申请量排名前十位申请人来说，只有 1 家大陆的企业——群康科技，排名第九。国内 LCD 领域排名前十的申请人情况如示例 1 图 8 所示。该图中显示，在中国 LCD 领域的专利申请中前十位绝大部分为外国企业，外国企业在国内 LCD 市场上占有重要地位。

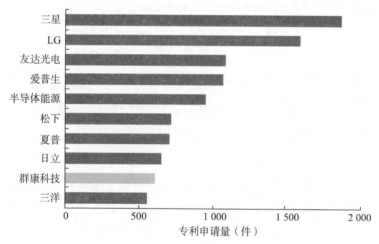

示例 1 图 8　主要申请人排名图

从上述 LCD 技术的专利分析，我们可以得出以下结论：目前 LCD 技术正在蓬勃发展，产业化已形成规模，消费者对 LCD 的认同度较好，市场成熟度较高。但是 LCD 的核心专利基本上掌握在外国公司手中，我国 LCD 产业的发展应以提高大屏幕液晶显示器的生产能力为主。在专利方面，应在引进和消化核心专利的基础上主要以改进型专利为技术开发的主要方向。引进国外成熟的先进生产线，形成产业规模，实现我国从 CRT 到大屏幕 LCD 显示屏的更新换代。并在此基础上进行改进型研究，以期在进一步提高液晶显示器的性能以及改善液晶显示器生产工艺上取得突破。在产业规模化的同时，一定要掌握改善显示性能或改进生产工艺的关键技术的自主知识产权，与国外掌握 LCD 核心技术的公司进行专利的相互许可，以打破国外企业在 LCD 领域的专

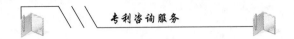

利封锁，减少我国 LCD 领域缺乏核心专利所带来的潜在知识产权隐患。

2　实时荧光定量 PCR 技术专利分析示例

某企业委托某专业公司就实时定量 PCR 技术的专利保护情况进行分析。该专业公司针对本项目采取了如下研究过程。

2.1　进行分析准备

针对委托内容，首先挑选对实时定量 PCR 技术领域有足够了解的专利代理人，熟练掌握专利检索和信息分析技能的专利咨询人员与企业的管理人员组成了项目组；之后通过各种方式收集了实时荧光定量 PCR 技术行业发展现状，实时荧光定量 PCR 技术的主要应用范围，实时荧光定量 PCR 技术相关竞争者的技术和经营动态等背景资料，在研读背景资料的基础上，通过与企业进行深入沟通，确定本项目重点在于了解技术层面的信息，由此确定具体的分析目标为了解实时荧光定量 PCR 技术的发展状况，包括技术领域分析、技术功效分析和技术生命周期分析等；与此同时，选定合适的数据库以实现对相关专利数据信息的全面获取。

2.2　采集样本数据

完成分析准备工作后，根据项目的分析目标，在对实时荧光定量 PCR 技术进行技术分解的基础上拟定检索策略，构建中英文检索式，在所选定的检索平台上进行专利检索，检索过程中不断调整检索式以保证检索的全面性和准确性；之后将所获得的专利数据从检索平台上导出，形成用于数据分析的样本数据库。

2.3　分析样本数据

形成样本数据库之后，首先对样本数据库中的专利数据进行清洗，主要包括：改正分析样本数据库中的标引和录入错误；统一数据格式；统一申请人名称、技术术语或翻译用语等，以使所有数据内容完整规范；之后根据项目的分析目标，选定专利技术指标、技术功效指标、技术生命周期指标等作为项目具体的分析指标，进行专利分析。

2.4　撰写分析报告

在上述所有工作的基础上，完成了实时荧光定量 PCR 技术专利分析报告，报告的部分内容如下所述。

实时荧光定量 PCR 技术专利分析报告　（节选）

实时荧光定量 PCR 技术是 20 世纪 90 年代中期发展起来的一种新型核酸定量技术，其在 PCR 反应体系中加入荧光基团，利用荧光信号累积实时监测整个 PCR 进程，最后通过标准曲线对未知模板进行定量分析。该技术除了具有 PCR 的高灵敏性外，还具有：可直接监测扩增中的荧光信号变化获得定量结果，精确性高；定量和扩增同步进行，克服了 PCR 的平台效应；特异性和可靠性更强；能实现多重反应；无污染性；

具实时性和可靠性等特点，目前已广泛应用于分子生物学研究、医学研究和疾病诊断等领域。

实时荧光定量 PCR 技术已成为分子检测的重要手段之一，可广泛应用在医疗、食品、疾病控制、高校实验室、科研实验室、检验检疫、畜牧等生命科学领域，其以敏感性、特异性强而被越来越多的科研人员所看好，具有广阔的市场前景。自美国应用生物系统公司 1996 年推出第一台市场化的荧光定量 PCR 仪以来，相关技术得到快速发展，目前国内外有多家企业生产相关产品，但高端产品基本还被 ABI、罗氏、Bio-Rad 等公司所垄断。

截至 2011 年 4 月 19 日，共检索到实时荧光定量 PCR 技术相关的专利文献 2 271 件。具体如下。

1. 技术领域分析

首先对所检索到的 2 271 件与实时荧光定量 PCR 技术相关的专利文献进行了 IPC 分析，初步了解实时荧光定量 PCR 技术所涉及的技术领域，具体如示例 2 图 1 所示。该图中显示，实时定量 PCR 相关专利中涉及核酸检测方法的专利占了较大的比例，接近 40%。

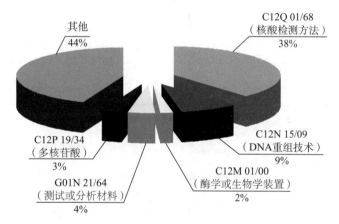

示例 2 图 1　技术主题分析图

尽管根据 IPC 的分布可以大体上判断出实时荧光定量 PCR 技术所涉及的技术领域，但该种划分方式与企业所关注的技术领域相差较大，即仅从相关专利申请的 IPC 分布情况难以提取有价值的技术分布情报，因此，本研究进一步从企业研发的关注点出发对所有相关专利申请进行了逐一阅览和技术主题分类标引。具体如示例 2 图 2 所示。该图中显示，在本技术领域中专利申请量最多的涉及实时荧光定量 PCR 技术本身及实时定量 PCR 装置，其中实时定量 PCR 装置又分为 PCR 反应腔、PCR 仪、反应信号检测系统、风浴装置、旋转运动等。

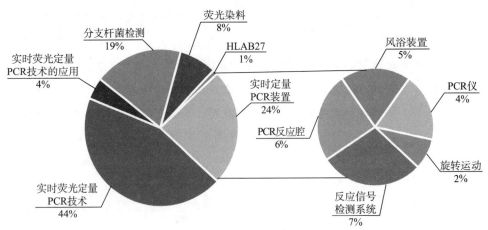

示例 2 图 2　技术领域分析图

2. 功效矩阵分析

　　实时定量 PCR 方法及探针设计相关的技术是实时荧光定量 PCR 技术的重点，也是企业目前最为关注的技术内容。因此本研究从相关专利申请中挑选了若干重点专利，逐一分析了每一项专利技术所采取的主要技术手段和效果，并进行了功效矩阵分析，如示例 2 表 1 所示。

示例 2 表 1　技术功效矩阵分析表

技术手段 ＼ 技术效果	提高信噪比	降低成本	扩大应用范围	快速检测
核酸外切酶水解探针				WO9202638 US5487972 WO9615270
限制性内切酶水解探针		US5919630		
FEN 酶水解探针	CN101707886		US6548250 US20060246469 US20080058216	
探针二级结构的改变	US6589743 US7504218	US7262007		US5607834 US7847076
多探针互作	EP1831401	WO2004061132		US6174670
探针末端加刚性轴向棒状分子				
电化学标记探针		CN101978070		
加入双链核酸结合剂	EP1739190			EP0512334 EP0713921
多探针的 Tm 不同		US6472156		
加入同步扩增的标准核酸				
加入标记的引物				EP0566751

其中技术效果为快速检测的专利申请着眼于在 PCR 反应过程中检测目标核酸,从而减少核酸检测的步骤,是早期的有关实时荧光定量 PCR 技术的一些基础专利,其权利人多为罗氏。相关专利申请涉及核酸外切酶水解探针、与目标核酸结合后二级结构改变的探针、多个探针与目标核酸相互杂交后产生信号、引物探针、探针与双链核酸结合剂共同应用等方面的技术。其中核酸外切酶水解探针(Taqman 探针)方面的基础专利为罗氏和 Perkin elmer 公司所拥有。

目前实时定量 PCR 方法主要侧重于提高信噪比(包括特异性和准确性的提高)和降低成本,特别是 Stratagene 公司在这些方面的专利申请较多。其中提高信噪比的途径包括采用 FEN 酶切水解的探针、具有二级结构的探针以及互作的多个探针和在反应液中加入双链核酸结合剂。

降低成本的技术主要从降低探针设计难度和合成成本以及降低检测仪器成本两个角度来考虑,采用限制性内切酶水解探针、具有二级结构的探针以及互作的多个探针等方式降低探针设计难度或合成成本,而采用电化学标记探针可以避免光学检测系统带来的高成本。目前采用电化学检测时信噪比及多重定量的实现基本上还是空白。

3. 技术生命周期分析

示例2图3为实时荧光定量 PCR 技术的技术生命周期图,从该图中可以看出,从1992~2002年,实时荧光定量 PCR 技术领域的专利申请量和申请人数量较少且增长缓慢,而随后的 2003~2010 年专利申请量和申请人数量都处于迅速增加的阶段,大量申请人进入该领域进行技术研发,这一阶段为技术的高速成长期,说明目前该技术仍然处于成长期。

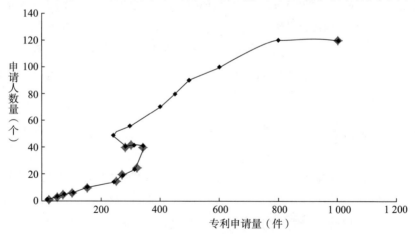

示例2图3 技术生命周期分析图

从上述分析可以看出,实时荧光定量 PCR 技术领域的专利申请主要集中于实时荧光定量 PCR 技术和分支杆菌检测技术领域,在该领域还存在许多技术的空白点有待开发,此外,从该技术的生命周期图可以判断出,实时荧光定量 PCR 技术仍处于高速发展阶段,企业可以根据实际情况选择合适的研发方向进入该领域。

第4章 专利预警服务

随着专利重要性的日益凸显，围绕专利侵权的争端逐渐增加，专利预警服务正是为提前发现和有效规避专利侵权风险而提供的一种专利咨询服务。本章从专利预警的概念出发，重点阐述专利预警的程序和方法。

第1节 专利预警概述

专利预警是企业专利工作的重要内容，对规避侵权风险，减少纠纷损失起着重要作用。本节主要介绍专利预警的定义、内容、作用和程序。

1 专利预警的定义

本书第一章提到，专利预警有广义和狭义之分，本章的阐述均围绕狭义的专利预警展开。

专利预警是指对可能发生的专利侵权风险提前发布警告，制定应对预案，以维护相关主体利益和最大限度减少损失的行为。这里所说的主体主要指企业。

由于专利的地域性，专利争端可能发生于不同国家或地区，因此专利预警是针对某一个国家或地区，基于该国家或地区的法律法规来进行的。如果可能发生的专利争端在国外，这种预警就称为海外专利预警。

2 专利预警的内容

专利预警是与风险紧密关联的。企业为了尽量减少专利风险带来的损害，在面临风险时必须进行有效的专利预警管理。专利预警管理的内容主要分为两个部分：一是专利预警分析，即对企业可能遇到的各种潜在风险的监测、识别、诊断、评价，并由此作出警告；二是应对方案策划，即根据预警分析的评价结果，制定相应的对策措施，以便对潜在风险进行早期控制与准备。

专利预警服务正是围绕上述两部分内容进行的。其中，专利预警分析是应对方案策划的基础，根据不同的预警分析结果采取适当的应对措施，能够明显降低专利风险可能对企业带来的损害。

在专利风险危机消除后，往往还需要进行持续的预警监控，以防范未来的潜在风险。

3 专利预警的程序

专利预警服务的工作程序主要分为五个阶段：进行预警准备、采集相关信息、分析侵权风险、策划应对方案和撰写预警报告。

专利预警的结论并非一成不变，随着相关信息的不断变化，其结论也可能会随之变化，因此存在动态跟踪式的定期预警服务，比如一年一次或半年一次。这种情况下，从程序上来说，主要是信息采集区间的变化，其他阶段与一次性专利预警服务是一致的，根据定期采集的信息进行侵权风险分析、应对方案策划和预警报告撰写，如此定期循环进行。

3.1 进行预警准备

3.1.1 组建预警团队

预警准备工作主要是针对团队组成、服务内容、工作安排等内容展开的，因此主要包括：选择合适的代理人组成工作团队，确定分析任务，对任务进行分解和进行人员分工等。

3.1.2 明确预警背景

预警准备工作还包括明确预警对象和分析预警地域。即要明确企业推向市场或投入使用的产品或方法和明确预警的地域范围。

预警对象应该是一种清楚、完整的准备工业化实施或出口的产品或方法的设计构思，或者是已经工业化实施的产品或方法。其中产品应包括结构、组分、含量、用途或相关的测试分析和结构表征方法等；方法应包括原料、步骤、工艺参数、控制范围以及可能的专用设备等。

充分分解预警产品或方法的技术方案，找准、找全各个技术特征，预警对象往往存在多种技术特征组合的可能，也就是存在多种技术方案。如果技术方案不够清楚，则需要跟委托人确认，直到完全清楚为止。

对于产品的外观设计来说，预警对象比较容易确定，具体为：首先确定产品的用途；其次可以由委托人拍摄照片以显示产品的各个视图，或者也可以由委托人提供样品。

3.2 采集相关信息

3.2.1 检索相关专利

通过对预警对象的详细分析，可以初步确定检索拟用的关键词、分类号等检索要素。

在明确了预警对象后，要制定适当的检索策略，查找疑似专利，包括要选择合适的检索用专利数据库。关于常用专利数据库的特点等可参见本书第二章。对于新产品或新方法上市前的专利预警分析而言，应按照侵权风险检索方法进行检索，检索目标

市场（如相关产品的拟投放国家或地区、被控侵权的国家或地区）的当前处于有效状态的专利和处于审查过程中的专利申请，可能情况下包括 PCT 申请处于国际阶段并且指定目标市场的专利申请。

对于发明或实用新型专利，将拟实施的产品和/或方法中的每一个技术特征以及可能的每一种技术特征组合即技术方案作为检索的基础进行检索，避免漏检。当然，如果委托人指定专利文献，则可以省略上述步骤。具体检索方法可以参考本书第 2 章的相关内容。

在经过全面检索和初步筛选后，从技术和法律相结合的角度，对筛选出的专利文献进行简单比对，排除肯定不存在侵权风险的专利。

3.2.2 搜集法律法规

专利的地域性决定了专利预警的地域性。不同国家或地区的专利侵权判定标准不尽相同，因此要根据预警的地域搜集相关的法律法规信息，明确该项预警分析所采用的具体专利侵权判定标准。

3.3 分析侵权风险

3.3.1 锁定疑似专利

根据对预警对象的分析研究，再次从技术和法律相结合的角度，从上述检索结果中筛选出应当进行具体侵权风险分析的疑似专利。

为了分析过程的准确和全面，对于疑似专利，应首先确认其法律状态以及专利的保护期限等信息。对于发明专利，在可能的情况下调取专利审查历史文档。如果境外目标国的专利文献信息和法律状态信息不能及时可靠地得到，可以委托目标国的专利代理机构或信息服务机构提供相应服务。

3.3.2 判断侵权风险

依据目标市场专利侵权判定原则，作出侵权判断。此时的判断是将作为预警对象的产品或方法与上述锁定的疑似专利的权利要求进行比较，判定是否存在侵权风险，最终将存在侵权风险的专利或专利申请标记为障碍专利。

对于侵权风险的判定结论，可以按照不同程度给出风险等级。

本章第 2 节将对侵权风险分析做详细论述。

3.4 策划应对方案

根据上述预警分析的结论，策划相应的应对预案。包括根据侵权风险的等级，企业的市场与成本需求，依据预警对象的技术方案，分析规避障碍专利的必要性和可能性，提出可能规避时的规避方案，不能规避时的应对措施：比如对于障碍专利是否可能宣告其专利权无效；对于处在审查期的潜在障碍专利，是否有阻止其获得授权的措施；是否有替代方案；是否可能更换目标市场；出现侵权纠纷时是否存在现有技术抗辩或者先用权抗辩的可能；是否能通过购买外部专利在最短的时间内完成专利布局；

第 4 章

以及研发建议和/或专利布局方案建议等。此外，还需提示实时监视障碍专利的必要性。

本章第 3 节将对应对方案策划作详细论述。

3.5　撰写预警报告

通常预警分析报告至少应当包括以下内容：

（1）预警对象

阐述预警目的，详细描述预警对象。

（2）数据采集

阐述信息检索的时间和地域范围，具体所采用的检索策略，所获得的检索结果等。

（3）法律法规

阐述目标市场判定侵权风险相关的法律法规。

（4）风险分析

首先阐述经过初步筛选后确定的疑似专利，其次阐述根据目标市场侵权判定原则对疑似专利进行具体分析的过程，说明是否存在侵权风险以及侵权风险的等级。

（5）对策建议

根据前述分析结论，结合实际情况，提出可行的对策建议。

第 2 节　侵权风险分析

侵权风险分析是专利预警服务程序中的一个关键步骤，同时它也常常作为一种单项的咨询项目出现。本节主要介绍其内容。

1　锁定疑似专利

1.1　开展前期工作

在锁定疑似专利前，首先需要进行分析准备和和采集相关信息。进行分析准备包括组建分析团队和明确分析背景、采集相关信息包括检索相关专利和收集法律法规。在侵权风险分析是专利预警的一个步骤时，这些工作已在先前的步骤中完成；在侵权风险分析是一种单项的咨询项目，需要参照以上所述专利预警的相关步骤事先完成这些工作。

1.2　筛查疑似专利

基于前期工作，针对信息采集中获得的相关主题的专利文献的权利要求书进行逐篇阅读，筛选出疑似专利。

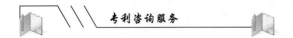

某些情况下，委托人自身已掌握了疑似专利的情况，会直接要求针对某篇专利文献进行侵权风险分析，在服务内容中可以省略筛查疑似专利这一步骤，但仍然需要对分析背景进行详细了解。

2 判断侵权风险

2.1 进行对比分析

2.1.1 判断原则

在侵权风险分析中，通常可以参照以下侵权判定原则。

（1）全面覆盖原则

在判定专利侵权时，首先要看被控侵权产品和方法对专利是否构成相同侵权，也即字面侵权（Literal Infringement），这是世界各国的一般准则。这时适用的是最简单、最常用的判定原则——全面覆盖原则，即看是否能够在被控侵权的产品和方法中找到与专利权利要求中记载的每一个技术特征相同的对应技术特征。

在下述几种情况下，视为被控产品或方法全面覆盖了专利的权利要求，构成相同侵权：

第一，仅从字面上分析比较，就可以认定侵权物的技术特征与专利的必要技术特征相同，连技术特征的文字表述均相同。

第二，侵权物的技术特征与专利的必要技术特征完全相同。所谓完全相同，是指侵权物的技术特征与专利的技术特征相比，专利权利要求书要求保护的全部必要技术特征均被侵权物的技术特征所覆盖，在侵权物中可以找到专利的每一个必要技术特征。

第三，专利权利要求中技术特征使用的是上位概念，侵权物中出现的技术特征是上位概念下的具体概念，也属于技术特征相同。

第四，侵权物的技术特征多于专利的必要技术特征。侵权物的技术特征与专利的技术特征相比，不仅包含了专利权利要求书中的全部必要技术特征，而且还增加了新的技术特征。

（2）等同原则

等同特征是指与权利要求所记载的技术特征以本质上相同的方式，完成本质上相同的功能，实现本质上相同的结果，则认为是等同。另外，要求被控产品或方法的每一个元素与权利要求的每一个元素都只具有非本质性的区别，如果存在一个本质性区别，则不构成等同。

为避免专利权人恣意扩大权利要求的范围，对等同原则有较多的限制，主要包括：

第一，全部技术特征准则。

第4章

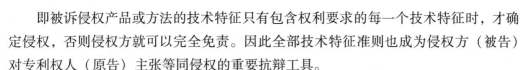

即被诉侵权产品或方法的技术特征只有包含权利要求的每一个技术特征时，才确定侵权，否则侵权方就可以完全免责。因此全部技术特征准则也成为侵权方（被告）对专利权人（原告）主张等同侵权的重要抗辩工具。

第二，现有技术的限定准则。

现有技术限制了等同原则的应用，专利权人不应将授权得到的权利要求解释成延伸到已经进入公共领域的技术。这是对权利要求解释的限制。

第三，禁止反悔准则。

该原则是指：在专利审批、撤销或无效程序中，专利权人为确定其专利具备新颖性或创造性，通过书面声明或修改专利文件的方式，对专利权的保护范围作了限制承诺或部分地放弃了保护，并因此获得了专利权，而在专利侵权诉讼中，法院确定专利权的保护范围时，应当禁止专利权人将已被限制、排除或者已经放弃的内容用等同原则重新纳入专利权的保护范围。

导致使用禁止反悔原则的常见情况包括：在专利审批或无效程序过程中对专利申请文件的修改，尤其是对权利要求的修改或删除；在专利审批或无效程序过程中的意见陈述和争辩中对保护范围的解释。

第四，公共贡献准则。

专利中公开的但没有要求保护的主题，以后不能通过等同原则在侵权诉讼中据为己有。这些未要求保护的主题可认为是有意放弃并贡献给了公众。

从原则上来说，以上侵权判定标准为包括我国在内的世界上大多数实行专利制度的国家所接受，但是在司法实践中会有所差异，特别是对于美国等判例法国家来说，除了关注法律条文以外，还需要了解其在具体案例中的使用情况。

2.1.2 比对方法

根据上述侵权判定原则对被控侵权产品和方法是否侵权进行具体比对。

（1）发明或实用新型

对于发明或实用新型疑似专利，应将权利要求分解为若干技术特征，与分析标的的技术特征逐一对比分析。

由于专利的从属权利要求是对独立权利要求的限定，其保护范围小于独立权利要求，因此，在作侵权风险分析时应首先考虑独立权利要求。存在多项独立权利要求的情况下，要对每一项独立权利要求分别进行对比分析。如果独立权利要求不存在侵权风险，则停止对其从属权利要求的分析；如果独立权利要求存在侵权风险，还要分析每一项从属权利要求，最终判断分析标的是否落入相关专利的权利要求保护范围。在分析过程中可以要求委托人就相关技术问题提供技术支持。

将存在侵权风险的疑似专利标记为障碍专利。对于障碍专利，可以查阅该专利的历史记录，如是否存在可以应用禁止反悔原则的内容，以确定涉诉风险，并为未来诉讼策略提供参考。

（2）外观设计

对于外观设计疑似专利，将分析标的与相关外观设计专利权在图片或者照片所显示的外观设计产品进行对比，分析外观设计是否相同或者相近似，判断是否落入外观设计专利的保护范围，并结合各个视图进行具体说明。

对比分析至少应该包括以下内容，必要时可以列表对比。

① 最相关专利的法律状态、保护期限；

② 最相关专利的权利要求的技术特征或外观设计专利的图片和简要说明；

③ 分析标的技术特征或分析标的为外观设计时其形状、图案或色彩的特征；

④ 分析标的的技术特征或外观设计是否落入最相关专利的保护范围，包括是否构成等同侵权；如果认定存在侵权风险，则将相关疑似专利标记为障碍专利。

2.2 评估风险等级

在给出侵权风险的判定结论时，通常要对侵权风险的等级给出提示。侵权风险的等级至少应按高、中、低、无四类提示。

（1）高风险等级

如果分析标的所采用的技术方案中的技术特征具有障碍专利权利要求的全部必要技术特征，即适用全面覆盖原则，则构成高风险等级。例如分析标的的技术特征与障碍专利的权利要求中记载的全部必要技术特征相同；或者障碍专利权利要求中记载的必要技术特征采用的是上位概念，而分析标的采用的是相应的下位概念；或者分析标的在包含障碍专利的权利要求的全部必要技术特征基础上，又增加了新的技术特征。即使分析标的相对于在先技术而言是改进的技术方案，并获得了专利，但由于具有障碍专利的权利要求的全部必要技术特征而构成从属专利，在未经在先专利权人许可的情况下，实施该从属专利也将构成侵权。

（2）中度风险等级

如果分析标的有一个或一个以上的技术特征与障碍专利的权利要求中的技术特征相比，从字面上看不相同，但经过分析可认定两者可能是等同的技术特征，即存在适用等同原则的可能，则构成中度风险等级。

应当注意的是，如果最终能够确定上述可能，即根据目标市场的专利侵权判定原则能够确定满足等同原则，应将风险等级提升到高风险等级。

（3）低风险等级

如果分析标的与障碍专利权利要求的技术特征相比少一个或以上的技术特征，则构成低风险等级。

应当注意的是，如果实际生产的产品或方法可能增加以上特征，则应将风险等级提升到高风险等级。

（4）无风险等级

如果分析标的与障碍专利权利要求的全部必要技术特征相比完全不相同，或者虽然存在部分相同的技术特征但二者的区别技术特征具有实质性差别，则构成无风险等级。

当然，如果由于分析标的的技术参数或技术特征不能完整获得，则可以给出暂时无法明确风险的结论。

3　撰写分析报告

如果侵权风险分析作为一项单独的咨询项目进行委托，在完成分析之后就需要撰写侵权风险分析报告。该报告至少应包括以下内容。

3.1　分析标的

首先简要说明侵权风险分析的基础是产品、方法，还是外观设计；其次详尽阐述其全部技术特征或外观设计的特征。

3.2　分析方法

详细说明检索分析的方法。

3.3　分析依据

侵权风险分析所采用的法律依据，包括目标国家或地区的法律法规、侵权判定的标准和原则。

3.4　分析过程

拆解独立权利要求，按照技术特征逐一进行对比分析，是否完全相同或构成等同。独立权利要求存在侵权风险，再逐一分析从属权利要求，直至所有权利要求分析完毕。

3.5　分析结论

在技术和法律综合分析的基础上，作出分析标的是否落入相关专利的保护范围从而可能构成侵权的风险等级的判断。

如果不存在侵权风险，给出不侵权的理由。

如果存在侵权风险，给出风险等级提示。

必须指出，专利侵权风险分析的判断是一种法律与技术相结合的综合判断，结论通常并非一目了然，风险等级的确定也常常因人而异。专利代理人作出的侵权风险的结论并不能代表司法机关的裁判结论，因此在分析报告中应当给出一定的风险提示。尤其对于境外专利侵权风险分析，应当说明不同国家专利法律的异同，指明中国专利服务机构的分析报告仅具有参考价值，并可以建议委托人委托目标国的专利服务机构提供相应的服务、出具相应的报告。

第3节 应对方案策划

在存在专利侵权风险时,选择合适的应对方案,对企业降低风险损失至关重要。本节对常见的应对方案策划内容进行阐述。

1 规避方案策划

如果通过专利预警分析发现存在障碍专利,应对预案首选考虑能否找到有效的规避障碍专利的方案。此时常见的应对方法如下。

1.1 排除障碍专利

如果障碍专利处于申请公开阶段尚未授权,可以通过向专利审批机构提供相关的专利申请不符合授权条件的证据,阻止其被授权;如果障碍专利是已经授权的有效专利,可以主动请求宣告障碍专利的专利权无效或部分无效。部分国家或地区还可通过其他程序无效专利,如德国专利的异议程序等。

通过专利权无效可以使竞争者彻底失去起诉侵权的权利基础,也可以为与竞争者达成和解提供筹码和基础。

1.2 采用规避设计

可以通过研究开发替代技术设法绕过障碍专利。当然,这种替代性技术需有实质性的不同,例如,替代技术与障碍专利比较,缺少了其权利要求中记载的某一个(或几个)技术特征,或者两者的某一个(或几个)对应技术特征不符合等同原则规定的条件,没有落入障碍专利的保护范围。

除非这种规避设计在实践中完全不可行,否则通过规避设计来绕过障碍专利往往是最经济有效的应对方案。

1.3 证明享有先用权

先用权是指在障碍专利的申请日前已经制造相同产品、使用相同方法或者已经做好制造、使用的必要准备的,能够在原有范围内继续制造、使用的权利。证明先用权以障碍专利的申请日为界,在该申请日以前,例如已经完成了设计图纸、购买了主要设备等。一旦先用权成立,企业就拥有不经许可在原有范围内实施障碍专利的合法理由。但是先用权的抗辩往往很难成立,要求企业必须有足够充分的证据。

1.4 开发交叉许可技术

可以开发针对障碍专利的相关技术并申请专利,如果相关技术是障碍专利实施所需采用的,就可以与障碍专利的专利权人进行交叉许可谈判,从而达到合法实施障碍专利的目的。

1.5 获得转让或许可

可以主动与障碍专利的专利权人谈判，付出一定代价取得专利权转让或许可，以此消除侵权风险。或者购买已经有许可权的人的产品。

另外，也可以通过购买第三方专利的方式避开侵权风险或者与障碍专利的权利人形成相互牵制，从而达到规避风险的目的。

2 应急方案策划

当专利侵权风险成为现实时，面对他人发出的律师函，企业要沉着应对，尤其是面对一些国外大企业的律师函，更应该冷静应付，做好应急分析，以免给企业带来经济损失。

2.1 应急分析内容

在被指控侵权时，需要认真分析有关情况，比如原被告情况，被控侵权产品侵权与否，在短时间内进行规避设计的可能性，原告专利的有效性，反诉的可能性，转让许可、交叉许可、合作的可能性与可能的代价，谈判的筹码等。分析清楚有关情况，对取得未来诉讼的有利地位将大有裨益。遭遇侵权指控后的应急分析内容如下。❶

2.1.1 分析原告情况

分析应包括原告及其关联企业，企业的规模、商业运作模式、产品分布、市场占有情况等。

通过了解原告的专利部署情况、既有的专利转让许可行为、既有的诉讼等，分析原告的诉讼目的，是想要专利许可费、侵权赔偿费，还是仅将被告相关产品排出市场即可等。

分析以上情况主要是为了确定诉讼的基本策略，包括转让、许可、反诉、交叉许可、合作、妥协、不妥协的可能性和可能的代价。

必要时出具关于原告及原告相关产品/技术的分析报告。

2.1.2 分析被告情况

分析应包括被告及其关联企业，企业的规模、商业运作模式、产品分布、市场占有情况等，确定被告的实际状况与实力。

确认被控产品/技术的技术方案、市场占有情况、相关专利申请情况。

必要时出具关于被告及被告相关产品/技术的分析报告。

2.1.3 分析侵权风险

了解原告专利的法律状态、权利移转状况、公开及授权的说明书和权利要求书，研究专利申请的审查历史。

---

❶ 北京路浩知识产权代理有限公司，等. 企业专利工作实务［M］. 北京：知识产权出版社，2009.

将被控产品/技术的详细结构和技术方案与原告专利的权利要求书作侵权比对，确认是否可以进行不侵权抗辩。通过研究专利申请文件本身和审阅专利申请的审查历史，根据专利说明书和答辩意见对权利要求作进一步解释后，可将一些边缘性专利权排除在外。

同时还应确认被告及其关联企业的其他相关产品/技术是否也可能存在侵权问题。

必要时给出侵权分析报告。

2.1.4 分析专利可靠性

在侵权成立的可能性较大时，可以对原告的专利进行可靠性分析，确认是否有可能通过宣告其无效来彻底摆脱侵权风险。

专利可靠性包括权利有效性和权利稳定性。除了通过对权利的法律状态查询，确认专利权处于有效状态，专利权属没有瑕疵外，还应对相关专利的申请历史进行审查，对专利稳定性进行初步分析。如果初步分析结果说明专利稳定性较高，再进行有针对性的在先技术检索，包括专利及其他公开出版物、相关专利的任一发明人的论文或演讲等。在有些情况下，也许专利的所有人并不知道这些文件的存在，而这些文件却与专利的稳定性有很大关系，甚至会直接导致相关专利实质上是一项无效的专利。

基于以上审查和检索结果对相关专利的稳定性进行评估。首先对审查历史中引用的对比文件进行评估，然后根据检索结果对专利稳定性的评估进行补充和更新。除了基于在先技术对专利的新颖性和创造性进行评估外，还要根据专利授予国的专利法规定，查找其权利要求书和说明书是否存在其他可能导致权利无效的缺陷，如公开不充分、修改超出原始申请文件记载的范围等。

即使不提起宣告专利无效的程序，找出上述缺陷至少能够增加被告谈判的筹码。

必要时给出原告专利可靠性的分析报告。

2.1.5 分析规避设计可能性

在侵权分析和专利有效性分析的结论不利的情况下，应企业要求还要给出规避设计的可能性分析。

分析原告专利的权利要求书，研究被控产品/技术的技术方案，分析规避设计的可能方向。这种设计往往需要寻求技术人员的支持，以便及时得到纠正。

针对提出的规避设计方案，不仅要分析其可行性，还是分析其市场成功的可能性，同时给出该规避设计方案不存在侵权风险的判断。

必要时给出规避设计方案及其分析的报告。

2.1.6 分析反诉可能性

通常企业不愿卷入过多的诉讼争端中。但当侵权风险分析结论不利，规避设计方案不可行或难以成功的情况下，或者为了给原告以必要的牵制时，就有必要考虑反诉的可能性，即有针对性地提出反诉原告侵权的可能性。

分析被告及关联企业的专利与原告的相关产品/技术的市场占有情况，挑选出富

第4章

有攻击性的专利。

比对原告产品/技术与该专利的权利要求，确认其构成侵权。

确认该专利的稳定性。

必要时给出反诉可能性分析报告。

2.2　应对措施策划

通过以上应急分析，可以初步给出应对措施建议。通常采用的应对措施包括以下几个。

2.2.1　确认不侵权

如果在收到警告函之后，经综合分析认为风险较小，则可礼貌回复律师函，说明并未侵犯对方专利的事实理由，如果经分析认为有必要，可以在对方未在规定期限内起诉的情况下提起确认不侵权之诉。

2.2.2　寻求和解

和解策略是一种应对被控侵权的有效策略。如果侵权风险评估的结果是极有可能侵权，就应该积极采取措施促成双方和解。

如果对方提起指控的目的不在于迫使自己退出市场，那么就存在和解的可能。一般来说，专利侵权诉讼复杂，而且风险较高，诉讼过程需要耗费大量的时间和费用，而且市场瞬息万变。即使胜诉，也可能会两败俱伤，大多数企业都不愿意将时间耗在一场风险极大的诉讼拉锯战中，这也为双方的和解提供了基础。

在有和解可能时，可以采用主动要求与对方合作、拖延诉讼时间，同时启动无效宣告程序动摇对方专利稳定性、利用本企业专利与对方对抗、反诉对方侵犯本企业专利权等方式，给对方施加压力来促成和解。

双方决定和解后，应签署书面协议。在诉讼状态时，应要求以原告向法院申请撤诉为协议生效条件。

2.2.3　收集和保存证据

如果决定不理会专利权人的律师函，而考虑在专利权人提起诉讼时应诉，则要按照有关法律规定，多渠道全面收集证据。这些证据包括相关产品技术研发记录材料、相关产品技术信息来源合法的证明材料、专利权利证明材料、第三方出具的专利分析报告、企业制定和实施的尊重他人专利权的规章制度等，并妥善保存。此外，企业应注意保存纠纷过程中的所有文件材料，包括律师函、往来信件、数据电文等原始材料。

与此同时，企业可收集对方涉嫌侵犯本企业专利权的证据。若发现对方有侵权行为，则应妥善保存相关证据。涉及容易删除、修改、销毁的证据时，可采用公证等方式进行证据保全。

2.2.4　运用抗辩技巧

如果双方很有可能涉入诉讼，则要事先做好各种准备，以便在诉讼中充分利用各种侵权抗辩技巧使自己赢得主动。例如：寻找对方专利在审批程序中存在的漏洞，利用禁止反悔原则进行抗辩；利用自己实施的是自由公知技术进行抗辩；通过证明自己有在先使用权、是临时过境或者为非生产经营目的使用进行抗辩。

另外，可以证明已向专利复审委员会提出了宣告对方专利权无效的请求；证明自己属于可以不经许可但应付费的使用情形，如证明自己是在对方专利的临时保护期内使用；通过证明与对方或者他人之间存在委托开发合同、合作开发合同或者使用许可合同，或者证明自己也享有相关专利权，从而证明自己是合法使用。

同时，可以利用诉讼程序，包括提出受诉法院的管辖权异议、提出对方作为原告或者自己作为被告的主体资格异议、提出相关人员回避申请或者提出对方起诉已经过了诉讼时效等，从程序上寻找有利于己方的机会。

2.2.5 降低赔偿数额

在侵权结论不可能推翻的情况下，应做好准备，设法降低侵权赔偿数额。比如搜集证据，以便在质疑对方提出的赔偿数额方面的证据时有的放矢，如关于对方的损失的证据、能够证明自己获利的证据等，以此将损失降到最低。

2.2.6 直面海外指控

在遇到海外专利侵权指控时，积极主动地面对，一方面主动寻求和解，另一方面不轻易放弃应诉并积极寻求反诉。

国际上绝大多数专利纠纷以和解结案，在面对海外专利侵权指控时，谋求和解是一种明智的选择，既节省时间，也节省费用。

谋求和解时，应多听取案件审理国律师的意见，必要时加大和解谈判的力度。一方面可以积极与对方或者对方的中国代表处、中国代理商和中国关联公司等机构就分歧进行沟通，了解对方行为的出发点和目的，也可以寻求行业协会、政府部门和客户等第三方调解，多方位寻求支持；另一方面可积极与对方的竞争者洽谈合资、并购、专利许可和专利转让等合作事宜，为谋求和解取得筹码。

在决定不和解或者和解努力失败时，应判断应诉后胜诉的几率，绝不轻易放弃应诉。

由于涉及外国的相关法律，因此要积极了解相关国的法律规定。应诉团队应包含中国专利代理人或者律师、案件审理国律师、企业专利法务人员、企业决策人员和企业研发人员。应诉团队内部要进行分工，力求分工明确、权限清楚，各司其职和各尽其责。在涉及行业整体利益的维权时，可通过与行业协会沟通，谋求与相关主体联合应诉，达到整合资源、分摊费用的目的。

若案件审理国有关部门发布了临时禁止令，应及时提交辩护声明，同时应收集推翻临时禁止令的证据，尽量避免由此带来的严重后果。在确实找到可以推翻临时禁止令的证据时，可据此要求对方赔偿企业因此遭受的损失。

若对方在中国的分支机构、代理商或分销商可能存在专利侵权行为、不正当竞争

行为或垄断行为时，企业可依据我国相关法律提起诉讼。在国内诉讼过程中，综合分析海外诉讼的进程、上诉可能的结果、上诉费用等，决定诉讼的策略。

3　"337 调查"应对

3.1　337 调查的概念

"337 条款"（1930 美国关税法第 337 条，1988 年美国综合贸易竞争法第 1342 条）是美国政府授权美国国际贸易委员会（ITC）对一般不公平贸易做法和有关知识产权不公平贸易做法进行调查并采取单边措施的法律依据。根据该条款，ITC 有权拒绝一切侵犯美国知识产权的产品进入美国，一旦认定侵权，ITC 便可以发出排除令（包括普遍排除令和有限排除令）或者制止令，此外，ITC 还可以发布扣押和没收产品令，进行罚款，采取临时救济措施等。

美国专利权人在其专利受到侵害时，既可以向联邦地区法院提起诉讼，也可以依据 337 条款向 ITC 申请调查和救济。337 调查具有申请门槛低、结案时间短、禁令范围广和海关自动执行的特点，更有利于美国企业采用，而对中国企业则构成很大障碍和风险。❶

3.2　337 调查的程序

3.2.1　提交申诉书

申诉书一般包括申诉人知识产权的描述、涉嫌侵权的进口产品描述、涉嫌侵权产品的出口商及美国经销商的详细资料以及诉讼请求等内容。

证据提交及听证程序由《美国国际贸易委员会规则》及美国《行政程序法》规定（除个别案例外，通常联邦法院的证据规则也适用）。权利人通常会先行与 ITC 不正当竞争调查局官员进行非正式会晤以确定其申诉书的具体内容。

在申诉书内容确定后即向 ITC 提交正式申诉书。

3.2.2　启动调查

ITC 在收到当事人申诉书后 30 天内决定是否进行立案调查。

立案后，ITC 向每位被告送达申诉书和调查通知，确定结束调查的目标日期。一般调查的时限是 12 个月，较为复杂的案件则可能到 15 个月结束。

调查组成立的同时，ITC 任命行政法官主持调查。

被告须在送达通知之日起的 20 天之内针对调查通知提交书面答辩意见，如果申请方同时还申请了临时禁令，那么被告还必须在送达通知日起的 10 天或者 20 天（较为复杂）提交针对临时禁令的答辩。

---

❶ 北京路浩知识产权代理有限公司，等. 企业专利工作实务［M］. 北京：知识产权出版社，2009.

3.2.3　证据开释

除复杂案件外，该过程一般需时 5 个月左右。

3.2.4　开庭审理

启动调查 6 个月后，由行政法官主持，全面听取申诉人及答辩人的质证、意见，该过程一般需要 1~2 周时间。

3.2.5　初步裁决

在目标日期的 3 个月前由行政法官作出初步裁决，并将该决定连同相关建议递交给国际贸易委员会。

3.2.6　最终裁决

国际贸易委员会可在 90 天内对初步决定复核，作出最终裁决。

美国总统可于 60 天内基于政策的考虑否决 ITC 的最终裁决书（不过此种情况甚少出现）。

若申请人胜诉，排除令生效，由海关执行。

3.2.7　上诉

任何一方对生效的裁决不服，均可向美国联邦巡回上诉法院提起上诉。上诉期间不影响排除令的执行。

3.3　337 调查的构成要件

（1）以进口为目的的销售，进口或者进口后的销售。进口包括：

"不可避免的"或实际发生的进口；

非商业进口；

电子进口；

如果返销，则美国制造的物品也属于管辖范围。

（2）国内产业必须"已经存在或正在形成"，对此，ITC 将从经济和技术两个方面进行审查。

若美国对涉案物品存在专利权、著作权、商标权或布图设计权的保护，则可以认定美国存在这样的产业；

在厂房和设备方面进行了大量投资；

雇用了大量劳动力或投入了大量资本；

在研发方面进行了大量投资，包括工程、研究、开发以及特许经营等。

（3）构成经济损害

在专利权和其他法定的知识产权案件中并不要求提供损害证据，除非申诉方要求采取临时措施；

在因其他不公平竞争行为而提出的起诉当中，则需要申诉方提供有实际损害或可能损害的证据。

3.4 337 调查的日程

第 1 ~ 30 天：调查委员会决定诉求是否适用 337 条款；

第 50 天：被告方回复诉求；

第 60 ~ 65 天：证据开释会议，行政法官决定调查完成日期；

第 50 ~ 190 天：证据开释；

第 210 天：开庭审理；

第 325 天：行政法官作出初审判决（非最终判决），并同时提出赔偿数额；

第 335 天：对初审判决提出上诉；

第 350 天：调查委员会决定是否复审初审判决，如果决定不复审则行政法官的决定转为调查委员会的判决；

第 395 天：调查委员会结束对行政法官判决的复审，并最终作出判决。美国总统开始对 ITC 判决进行 60 天复查；

第 455 天：美国总统结束对调查委员会判决进行复查；

第 515 天：当事人任何一方可向美国联邦巡回上诉法院提起上诉。

3.5 337 调查的应对

3.5.1 应对程序

在接到 337 调查案申诉书副本时，注意做好应急工作，迅速选择国内和美国律师积极应诉。从各种抗辩途径说明不侵权，同时可以提出宣告对方专利权无效的请求。同时，可以求助于行业协会，通过行业协会调动全行业的力量共同应对纠纷。

由于 ITC 有很大的裁量权来缺席判决认定侵权。一旦被判缺席，就失去了参加诉讼程序以及和解的机会。因此，不应诉就意味着其产品被排除出美国市场。而参加诉讼程序是维持现有市场、保持抗辩和和解机会的唯一途径。

（1）开展初步调查

收集各种信息，包括生产、销售、出口记录等，初步判断企业的行为是否符合违反 337 条款的构成要件。

（2）进行初步分析

分析申诉方专利的有效性，根据美国专利侵权判定原则给出初步判断结论。

（3）提出应对方案

根据判断结论，结合企业具体情况，提出应对方案。

（4）起草答辩文件

按照时限要求，及时起草答辩意见，并提出开释请求。

3.5.2 应对方案

在 337 调查案件中，与普通诉讼的最大区别在于程序和实体的要求极为严格，表现在技术问题和法律问题纠缠在一起，且审理过程通常有十分明确的时效要求和技术

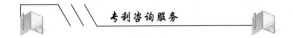

条件。针对 337 调查，主要有以下几种应对方案。

（1）不侵权抗辩

将被指控的产品与专利的权利要求书仔细比对，如果并不具有权利要求中所记载的全部特征，而且被指控的产品并不因为适用等同原则而落入该专利的保护范围，则可以采取不侵权抗辩。

（2）专利无效抗辩

如果经过仔细的现有技术检索，发现在专利申请日之前有相同或类似的技术或设计已经公开，可以主张该专利权缺乏新颖性而应被宣告无效；

如果专利与申请日前的现有技术相比缺乏非显而易见性，也可以主张专利权无效；

另外还基于以下理由主张专利权无效：说明书没有足够的描述使本领域技术人员能够实施该专利，即对发明的公开不充分；专利权利要求不清楚，从而其保护范围不确定等。

但是除非有确凿的现有技术证据，否则在美国将一项专利宣告无效是非常困难的，费用也非常高。

（3）不存在美国国内工业抗辩

当专利权人被证明在美国不存在国内工业时，ITC 将驳回其申诉。该抗辩需要证明专利权人：

在厂房和设备方面不存在大量投资；

未雇用大量劳动力或未投入大量资本；

在研发方面未进行大量投资，包括工程、研究、开发以及特许经营等。

这种抗辩需要大量证据，同样非常困难。

（4）专利不具有可执行性抗辩

根据美国专利法规定，如果存在以下行为将导致专利不具有可执行性：

权利滥用/违反反垄断法；

欺诈/不公平行为：专利权人在专利申请过程中向专利局提供实质性虚假陈述或隐藏信息，有意误导专利局；

在专利中没有适当标明发明人；

不诚实/滥用程序等。

（5）应用规避设计避开

通过规避设计，绕开专利权人的专利，这是比较经济的一种做法。但这种做法的代价是承认原来的产品侵权，从而原来的产品将被排除在美国市场之外。通过规避设计，可以一次性解决问题，要在 12～15 个月的调查期内完成规避设计并给原告合理的研究时间确认不侵权也不是很容易，这在很大程度上取决于企业的研发实力如何。

3.6　337 调查的防范

为了有效地防范 337 调查风险，可以建议企业在进军美国市场之前做好以下工作。

（1）做好预警分析

在产品和技术出口前，注意做好海外预警工作。首先进行专利检索，对在先专利权的保护范围和有效性等进行分析，如果存在侵权可能性，就必须找出规避办法，也可以从专利权人那里获得使用许可。

（2）排除 ITC 管辖

在与美国企业签订专利实施许可协议或类似协议时，订立仲裁条款，以仲裁条款排除 ITC 对案件的管辖。

（3）申请美国专利

积极申请美国专利，获得与竞争者交叉许可的筹码，同时利用 337 条款抑制其他竞争者。即使认为技术本身不值得申请专利，也应考虑到为防御别人申请专利的目的而尽快提出申请并公开内容。

（4）避免纠纷发生

在收到"停止侵权警告函"等类似的律师函后，要尽快咨询国内和美国专利法律服务机构，决定处理方案，尽量避免对方提起向 ITC 申请救济或向法院提起诉讼。

第4节　专利预警服务示例

本节通过两个案例说明专利预警服务中侵权风险分析和 337 调查应对的程序与方法。

1　侵权风险分析示例

企业甲设计了一种夹式灯，主要设计在于该灯的外部形状，由于该产品欲投放中国大陆市场，因此于 2011 年 8 月委托专业机构出具分析意见，是否能够在中国制造、销售而不会面临侵权风险（为示例目的，下述信息并不完全真实）。

针对该咨询项目的分析方法如下。

1.1　锁定疑似专利

1.1.1　开展前期工作

企业甲的需求是一种侵权风险分析，这种分析实践中常称为 FTO 分析（Free to Operate）。分析标的是一种夹式灯，企业甲提供了样品，样品照片如下：

经进一步咨询，得知企业甲已经与一制造商谈妥，计划2011年9月开模具，第一批产品随后将投放中国大陆市场。

显然，分析的地域将是中国大陆。

1.1.2 筛查疑似专利

（1）确定检索策略

首先确定检索数据库为中国有效专利。尽管企业甲声称设计点主要在外观，但由于产品的结构、形状同样是发明和实用新型专利的保护客体，因此检索的数据库应包括发明、实用新型和外观设计在内的全部类型。

数据库的时间范围限制在申请日在2001年9月至今的外观设计专利和实用新型专利，申请日在1991年9月至今的发明专利。

（2）进行检索并找出疑似专利

首先对外观设计专利数据库进行检索。外观设计产品名称关键词为"夹"，在整个26类中检索。经过筛选，发现中国专利CN200530037249.1与样品存在很高相似度，该专利于2006年2月15日公告，公告的主视图如下：

主视图P1

鉴于外观设计专利数据量非常大，进一步的检索限制在该专利的申请日2006年2月14日之前的数据库，因为之后即使存在相同或相似的专利，也可以基于该专利提起无效。

在新的数据范围内重新检索，可通过分类号和关键词进一步缩小检索范围，在检索出的专利中一一初步对比，结果没有发现相同或相似的外观设计专利。

随后对实用新型和发明专利进行了检索。检索针对的标的是夹式灯的灯具与夹体结合这种技术方案。检索结果显示，实用新型和发明专利的保护范围均都在夹体的具体结构上，其中实用新型专利01263620.7根据摘要和附图初步判断存在进一步分析的必要。

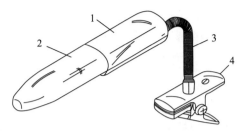

经过对其法律状态查询，发现该专利已经于 2005 年 11 月 16 日公告专利权终止。

（3）进行补充检索

与查新检索不同，FTO 检索在有效专利数据库检索完成后也不能停止，即使检索到了疑似专利。因为已经提交申请但尚未授权的专利也可能存在潜在的侵权风险，需要进行补充检索。

由于已经公开的发明专利申请也可以检索到，所以对发明专利申请需要作补充检索。另外，考虑到 PCT 申请将来可能进入中国国家阶段，因此还有必要对已公开的 PCT 申请进行补充检索。补充检索的结果显示，没有发现可疑的疑似专利。

对于其他已经提交申请但尚未公开的专利申请，只能作为后续监视事项提示客户。

1.2 判断侵权风险

基于上述检索结果，详细对比外观设计专利 200530037249.1 的照片与样品的外观，可以基本得出侵权风险性很高。

1.3 撰写分析报告

上述工作完成后，开始撰写分析报告。报告的部分内容如下。

分析报告 （节选）

应企业甲委托，针对企业甲提供的夹式灯在中国大陆地制造和销售的侵权风险进行了分析。

（1）结论

目前的分析结果显示，该夹式灯在中国大陆地制造、销售面临的侵权风险很大，无法自由实施。另外由于存在处于审查中并且未来可能获得授权的专利申请，所以建议对这部分专利申请持续监视。

（2）分析标的描述

根据企业甲的指示和提供的样品，夹式灯的设计点主要在其外观形状（如图所示），灯具的下方通过一个连接臂连接到一个夹体上，夹体分为上下两片，通过铰链连接，并可借助弹簧的弹力张开。

（3）法律适用

（略）。

（4）详细分析

◆ 检索策略的选择

检索数据库：中国有效的发明、实用新型和外观设计专利；

检索时间点：对于发明专利或专利申请，申请日为 1991 年 9 月至 2011 年 8 月；对于实用新型和外观设计专利，申请日为 2001 年 9 月至 2011 年 8 月。

◆ 检索结果

检索发现存在与被分析样品具有很高相似性的中国外观设计专利 CN200530037249.1，该专利目前存续有效。

◆ 对比分析

下面对被分析产品与专利 CN200530037249.1 进行详细对比。

专利 CN200530037249.1 申请日为 2005 年 5 月 29 日，授权公告日 2006 年 2 月 15 日，公告号 CN3507264，主分类号 26－02，未声明要求保护的产品包含色彩。

被比专利	被分析产品	对比结果
立体图 P1		被分析产品与被比专利形状整体非常近似，灯具与夹体的比例、各自的大小和形状，中间连接杆的位置与形状非常相似。材质的变化不影响两者的相近似性；被分析产品灯具下方的开关并不影响其他部分与被比专利整体相近似
主视图 P1		两者的区别主要在被比专利灯具侧面的曲线凸凹设计，被分析产品没有，但该区别不足以导致整体形状的明显区别，属于局部细微差别
右视图 P1		几乎相同
左视图 P1		几乎相同
俯视图 P1		灯具尾部长度略有不同，但属于局部细微区别
仰视图 P1		几乎相同

通过以上对比，可以看出，被分析产品落入该专利保护范围的可能性很大，即存在很高的侵权风险。

2 337 调查应对示例

2006 年 8 月 1 日，美国一家著名公司向 ITC 提交申诉书，指控六家公司非法向美国进口、在美国销售侵权墨盒耗材。该公司认为，该墨盒耗材侵犯了其有效的第 5825387 号、第 6793329 号、第 6588880 号三项美国专利。该公司请求 ITC 颁布永久有限排除令（Permanent Exclusion Order），禁止被告公司制造的侵权产品进入美国市场，同时请求 ITC 颁布禁止令（Cease and Desist Order），禁止被告公司的侵权产品在美国国内销售。

ITC 在 30 天内审议申诉书。2006 年 8 月 30 日 ITC 启动调查，337 调查的通知在美国《联邦公报》上公布。被告公司中有一家中国公司乙。乙在收到申诉书和调查通知后找到专业代理机构，寻求帮助。乙的针对调查通知的书面答辩期限是 2006 年 9 月 29 日。

代理机构迅速组成团队对此案进行应对处理。由于客户乙采取了积极抗辩态度和代理人提出了深入有理的分析意见，ITC 的审理法官支持了客户乙的抗辩，驳回了申诉方的请求，消除了被告中国企业产品进入美国市场的障碍。

该案的应对处理过程具体如下。

2.1 开展初步调查

针对乙的销售行为是否符合违反 337 条款的构成要件，收集各种信息，包括产品销售历史、订单情况、出口记录等。收集关于相关产品的技术信息。确认乙的销售行为符合违反 337 条款的构成要件。

2.2 进行初步分析

经在美国专利商标局网站检索，调取了授权的专利文件以及专利审查历史，查询了所有专利的法律状态并确认有效。代理人对所有专利文件进行了仔细研究。

2.3 提出应对方案

基于前述研究结果，考虑到作为中国企业调查美国公司是否存在国内工业的不可行性，给客户乙提出如下建议。

（1）不建议对专利本身的有效性提出抗辩

将三个专利宣告无效所耗费的精力、财力无疑是很大的，不通过仔细的文献检索、大量确凿的证据和充分的论证，在美国将一个专利宣告无效是不可能的，更何况是三个专利。因此，当前阶段不建议作专利无效抗辩。

针对专利是否具有可执行性，包括是否权利滥用/违反反垄断法、专利权的取得程序是否合法等，由于需要搜集大量证据进行研究，可能导致的费用也会不菲，因此

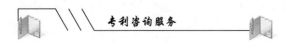

也不建议基于此作抗辩。

（2）不侵权抗辩具有可行性

尽管申诉方详细比对了各专利与客户相关产品的特征，但是从其分析来看，并非无懈可击。客户乙的产品并没有完全落入各专利的权利要求的范围内或者说并没有具备其权利要求的全部特征。

以第5825387号专利为例，该专利独立权利要求的发明点在于可更换的供墨口具有一个阀，位于泵和墨盒之间，只允许墨从墨盒流向泵，不允许反向流动。从申诉方的陈述中可以看出，客户乙的产品具备了该特征，但是与该权利要求的其他特征却不完全相同，如：流体出口与流体入口的接合位置、泵与墨盒和流体出口之间的流体连通。因为专利的保护范围以权利要求为准，尽管上述特征并不是发明点所在，但属于发明的必要技术特征，因此很有可能因这些不同而不落入其保护范围。

而针对第6793329号专利，申诉方在比对时故意回避了一些特征，如电接口部分的位置是否是在可更换墨盒的所述前缘内的空腔中、流体出口的构型是否与打印系统的流体入口配合衔接等。如果申诉方的上述回避是因为没有在被控产品中找到上述特征或者被控产品的特征与上述不完全相同，则是否落入其保护范围是有争辩余地的。

对于第6588880号专利，申诉方显然故意回避了权利要求1中描述的中继馈电部分的弹性特征。在客户乙产品中没有找到相应特征，由此可以找到避开侵权的突破口。

据此认为不侵权抗辩是有成功可能的。

（3）采取可能的规避设计

对被控侵权产品进行改型，避开相关专利，以不侵权的产品进入美国市场。这将是一种比较经济的应对办法，但代价是默认原来产品属侵权产品，将无法再进入美国市场。

2.4 起草答辩文件

经过与客户的多次沟通，代理人基于不侵权抗辩起草了答辩意见和开释请求。

第5章 专利战略策划

专利战略是企业专利工作的灵魂和纲领，也是企业整体经营战略的重要组成部分，制定并实施专利战略是企业专利工作的最重要内容之一。基于此，专利战略策划便成为常见的专利咨询服务项目。本章从专利战略的概念和内容出发，重点阐述专利战略策划程序和常见的专利战略措施。

第1节 专利战略概述

专利战略是企业知识产权战略的核心内容之一，与企业经营和市场开拓密切相关。本节主要介绍企业专利战略的概念和内容。

1 专利战略的概念

1.1 专利战略的含义

1.1.1 专利战略的定义

《辞海》对"战略"定义是"重大的，带有全局性的或者决定全局的谋划"。从字面上解释，专利战略就是以专利为核心的、重大的、带有全局性的谋划。究其实质就是充分利用专利制度，取得自身竞争优势并遏制竞争者的一系列策略和手段。基于此，可以将专利战略定义为：利用专利制度规则，获得和保持市场竞争优势和最佳经济效果的总体性谋划。❶ 这种总体性谋划包括了一系列的部署、策略和手段。

从专利战略的实施主体来看，专利战略分为国家专利战略、地区专利战略、行业专利战略和企业专利战略。

1.1.2 专利战略的内涵

企业专利战略以提高企业核心竞争力为目标，谋求提高企业利用专利制度的能力，提升企业创造、运用、保护和管理专利的水平，为实现企业可持续发展和利益最大化提供保障。因此，从根本上讲，企业专利战略的实质是促进企业技术研发创造、资源合理配置、成果科学管理、专利有效保护的系列战术与谋划，是以专利的取得与运用为核心的整体性、长远性筹划以及为此所要采取的系列策略与手段。

---

❶ 北京路浩知识产权代理有限公司，等. 企业专利工作实务 [M]. 北京：知识产权出版社，2009.

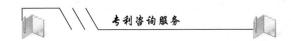

广义地讲，企业专利战略包括企业管理层面的专利战略和企业技术层面的专利战略。管理层面的专利战略涉及企业经营管理中专利工作的总体规划和部署，技术层面的专利战略涉及企业某项或某些关键技术创造、运用、保护和管理的策略和手段。技术层面的专利战略以专利分析为基础，利用专利制度手段对企业发展关键技术进行整体设计规划，既可以是管理层面专利战略的一个组成部分，也可以是独立的战略。

本章主要针对企业管理层面的专利战略，在无特别指明时，以下提及的"专利战略"和"专利战略策划"均指"企业管理层面的专利战略"和"企业管理层面的专利战略策划"。

1.2　专利战略的特征

企业专利战略具有全局性、依存性、实用性、法律性、时间性、风险性和秘密性等多重属性。

1.2.1　全局性

企业专利战略是对企业专利工作方向和目标进行的宏观规划和设计，是涉及企业方方面面专利工作的总的指导方针、实施原则和行动策略的纲领性文件，对企业专利工作具有普遍指导意义。

1.2.2　依存性

企业专利战略依存于企业经营战略。企业的专利战略从总体经营战略中来，从属并服务于企业的总体经营战略，而专利战略的实施又会促进经营战略的实现。因此，企业专利战略与企业的经营活动密不可分，撇开企业的总体经营战略单纯谈企业专利战略是毫无意义的。

1.2.3　实用性

企业专利战略不是一种纯粹的战略理论，而是可以为企业开拓市场、取得竞争优势、获得丰厚利润的一系列具体措施和策略的组合，具有实用性和可操作性。

1.2.4　法律性

以专利法为基础的专利制度在专利战略中起着举足轻重的作用。专利法为专利技术竞争提供了可靠的法律依据，是制定专利战略具体措施的行为准则，也是用于维护专利权的有力武器。专利战略的制定和实施必须以专利法、相关法律和国际知识产权协议为依据，这是专利战略法律属性的体现。

1.2.5　时间性

企业专利战略需要随企业所处的行业发展、内外部环境和总体发展战略的变化作相应的修正和调整，甚至重新制定和策划，因此，专利战略具有时间属性。

1.2.6　风险性

专利战略是确定企业未来竞争行动的，而企业未来的外部环境是变化的，具有很大的随机性；而且，由于决策对象的复杂性和面对问题的突发性，许多情况难以预料和判断。企业能否把握未来内外环境的变化，作出正确的、有利于企业发展的重大战略决策，是其带有风险性的重要原因。

1.2.7　秘密性

企业专利战略是企业经营战略的一个重要组成部分，具有高度保密的特点。专利战略策划的核心内容，如专利战略措施和策略等，更属于企业的重要机密。除此之外，企业专利战略涉及的企业内部数据、资料、文件和发展规划也是企业的重要商业秘密。

2　专利战略的内容

企业专利战略是企业专利工作的纲领，其必须能够指导企业专利工作的方方面面，涵盖专利创造、运用、保护和管理各方面的策略和手段。企业专利战略应当包含以下要素：战略背景、战略思想、战略目标、战略措施和战略步骤，而每一要素又必须涉及专利创造、运用、保护和管理几个方面。

2.1　战略背景

战略背景即制定和实施企业专利战略的内外部环境。企业内部环境是企业可以控制或改变的环境。企业外部环境则是企业无法控制的，但对战略的实施却具有极大影响的环境。

2.1.1　企业内部环境

企业内部环境涉及企业基本状况和企业专利状况。前者包括企业组织结构状况、企业管理状况、企业资源状况、企业经营战略、企业经营状况、企业技术状况、企业核心技术或关键技术、企业技术发展目标、企业业务构成和企业文化状况等；后者包括企业专利申请状况、专利授权状况、专利运用状况、专利保护状况、专利意识状况、专利管理制度和管理人员状况、商业秘密保护状况、专利工作与经营结合状况等。

2.1.2　企业外部环境

企业外部环境涉及宏观环境和行业状况。前者包括国际国内专利立法状况、专利政策法规状况、专利执法状况等；后者包括国际国内行业专利状况、行业技术状况、行业竞争状况、行业变化趋势、行业结构、行业经营特征、行业发展前景等。

2.2　战略思想

战略思想是企业在一定时期内对专利工作的全局性、长期性观念，是企业制定和实施专利战略的指导方针和基本思想，对企业专利战略目标的确立、专利战略定位、专利战略重点的选择以及专利战略措施的确定和实施均具有十分重要的指导作用。它是在战略背景基础上进行战略分析后得出的分析结论，是战略方案策划全过程的基本原则❶。战略思想包括总体专利状况、总体战略原则和总体工作策略三个方面。

2.2.1　总体专利状况

总体专利状况是对专利工作状况的总体评估，也是企业专利战略制定与实施所基于的总体基础。比如，目标企业专利工作所处的工作阶段、专利状况的强弱势等。

2.2.2　总体战略原则

总体战略原则是制定与实施专利战略所应遵循的基本原则。比如，企业怎样开展创造类、运用类、管理类和保护类专利工作。

2.2.3　总体工作策略

总体工作策略是总体战略思想的细化，是按照专利创造类、运用类、保护类和管理类工作类别提出的各种工作的策略。比如，企业是采用进攻型策略，还是防守型策略，或是进攻与防守相结合的策略。

2.3　战略目标

战略目标是基于战略分析所提出的战略实施要达到的目标。其包括总体目标和阶段目标，可以是行为目标、功能目标和数量目标，比如，专利制度体系建设目标、专利申请目标、专利服务体系建设目标、专利信息利用目标、专利经营目标、专利培训目标。还可以是按照专利工作类别确定的工作目标。

2.4　战略重点

战略重点是实现战略目标所需要解决的突出问题和重大问题，其包括重点工作、重点产品、重点技术和重点机构等。比如，重点工作是专利创造、专利保护，还是专利经营。

2.5　战略措施

战略措施是保障专利战略有效实施的战术和手段。战略措施由一系列相关的战术手段构成，其既包括创造类、运用类、保护类和管理类的各种手段，也包括实施战略的物质保障与支撑条件。比如，技术开发、技术引进、申请获权、进攻防御、组织管理、机构设置、人员配备、规章制度、信息保障、资源配置、硬件配备、企业文化等多方面的手段与条件。

2.6　战略步骤

战略步骤是实现战略目标和落实战略措施的方法步骤和实施方案。战略步骤是战略措施的具体化，其包括各项工作的实施内容、实施时间、实施条件和保障措施、实施效果的考核方式等。

---

❶　北京路浩知识产权代理有限公司，等. 企业专利工作实务［M］. 2版. 北京：知识产权出版社，2010.

第2节 战略策划程序

企业专利战略的策划过程是一个系统工程，由相互联系的多个环节和步骤构成。本节主要阐述专利战略策划的步骤与方法。

1 进行策划准备

1.1 组建项目组

战略策划的第一步是组建策划项目组，确定项目组成员，项目组成员应涵盖技术、经济和法律等领域的相关人员。

1.2 制定工作计划

在组建项目组之后应制定可行的战略策划工作计划，明确工作内容、工作目标和工作进度等。

2 调研战略背景

战略背景主要指企业所面临的内外部环境，调研是战略策划的重要环节，全面而深入的调研是策划企业专利战略的基础。因此，必须对企业所处的环境进行全面深入的清查盘点。

2.1 调研企业内部环境

企业内部环境主要包括企业基本状况、企业专利状况和企业专利战略资源情况等。

（1）企业基本状况

企业基本状况包括企业组织机构状况、企业管理状况、企业内部资源状况（资金实力、人力资源等）、企业经营状况（企业经营现状、经营战略和策略等）、企业技术状况（企业核心技术、关键技术、技术发展目标等）、企业市场地位等。

（2）企业专利状况

企业专利状况包括企业专利申请状况、专利授权状况、专利运用状况、专利保护状况、专利意识状况、专利管理制度和管理组织机构状况、专利工作与经营结合状况、商业秘密保护状况等。

（3）企业资源状况

企业专利战略资源主要包括企业研发的人力资源、无形资产资源、物质技术条件资源、产品市场资源等几个基本方面，具体包括研发人员数量和素质水平、技术项目、信息资源、技术成果、专利、技术秘诀、商标、品牌价值、商业秘密、技术文件、设备仪器、中试场地、生产车间、资金储备、研发基金、营销渠道、市场状况等。还应包括竞争企业目前在技术创新与专利战略方面的资源状况、开发状况、前景状况。为策划科学的专利战略提供完整系统的数据资料。

这种调研主要是针对企业的核心技术展开，然后延及周边技术，目的是归纳出本企业技术创新的可能性、获得专利的可能性、形成专利开发优势的可能性，以及建立竞争机制的可能性。

调研方法可以采用问卷调查、面谈交流、电话采访、专家咨询、文献查阅、专利检索、专利分析和市场调研等方式。

问卷调查是调研的有效形式。问卷调查是研究者把研究问题设计成若干具体问题，按一定规则排列，编制成书面的问题表格，交由调查对象填写，然后收回整理分析，从而得出结论的一种研究方法。设计调查问卷是一项创造性的工作，需要进行认真的分析研究。

采用这种形式首先要根据企业情况拟定调研提纲和设计调查问卷。通常，由调研提纲列出所要调研的所有问题，根据这些问题，设计出选择式或问答式的调查问卷。

在发放和回收调查问卷的基础上，可以选择重点部门和重点人员直接索取、面谈交流或电话采访，进一步了解相关重要问题。

2.2 调研企业外部环境

企业外部环境主要包括宏观环境和行业发展状况两个方面。

（1）宏观环境

宏观环境主要包括国家宏观的专利法律法规、相关产业政策以及经济和技术水平等方面。

国家颁布的知识产权和相关产业政策，如：国务院颁发的《国家中长期科学和技术发展规划纲要（2006—2020年)》和《国家知识产权战略纲要》等，为企业制定和实施专利战略提供了良好的宏观政策环境。此外，国务院颁布的相关产业领域的振兴规划，也是策划专利战略过程中必须加以考虑的。

经济发展环境和技术发展水平对企业专利策略撤换有直接影响。经济发展环境包括国家经济体制、经济发展水平、市场环境、市场需求、消费者购买能力和价格承受能力等因素。技术发展水平则决定了技术转换为生产力的能力，它和技术政策与技术市场的发育状况一起共同影响着企业专利战略和创新战略的实施。

（2）行业发展环境

行业发展环境包括行业发展状况（见图5-1）、行业竞争状况（见图5-2）和行业技术分布状况（见表5-1）几个方面。❶

---

❶ 毛金生. 企业知识产权战略指南［M］. 北京：知识产权出版社，2010.

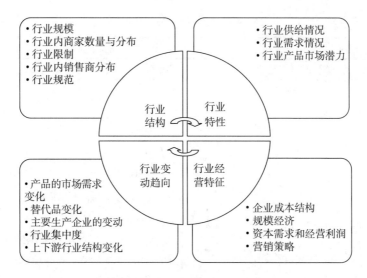

图 5-1 行业发展状况分析图

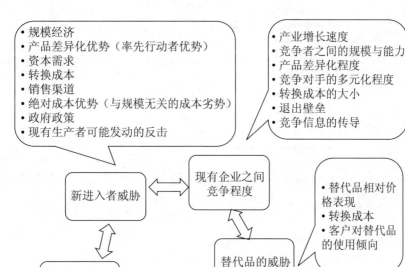

图 5-2 行业竞争状况分析图

第 5 章

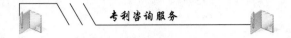

表 5 - 1　行业技术分布状况表

行业内主导的技术路线	主要掌握该技术的公司情况
行业主导技术的专利分布情况	主要的专利持有人状况
辨识其他产业或科技发展中的潜在相关技术	相关的工艺技能（外国技术）主要分布状况
主要技术的替代技术情况	替代技术类型 替代技术的性能 替代技术的分布 替代技术的可获得性
领先技术传播的速度	是否存在反向工程的可能性 是否能够通过设备供应或其他方法获得 是否能够通过咨询顾问或类似方法获得 是否可以从主要持有人/竞争者处获得 人才流动是否通畅 领先者是否通过学术论文方式披露
关键技术革新的可能性	对竞争优势和产业结构可能产生的影响
行业内专有技术的学习曲线	高、低
行业内的品牌	数量 影响力大小
行业内是否存在技术壁垒	是否存在标准 标准的类型

企业外部环境的调研可以采用因特网检索、特定数据库检索、手工查阅和直接索取等多种形式进行。

3　确立战略思想

战略思想是全局性的观念，是战略分析和战略方案确定全过程的灵魂。提出战略思想的过程即是战略分析的过程，也是战略策划中最核心的环节，其主要包括定位总体专利状况、策划总体战略思想，以及提出总体工作策略。

3.1　定位总体专利状况

此过程是战略分析的第一步，需要对企业专利战略制定与实施所基于的总体基础进行总括性分析，对专利状况进行总体定位。此时需要着重分析企业和竞争者的专利状况、地位和分布、竞争策略等，确定本企业在整体竞争环境中所处的地位，在此基础上定位目标企业专利工作所处的阶段、总体专利状况处于强势还是弱势等。

3.2　提出总体战略原则

此过程是战略分析的核心，需要在总体定位的基础上，对制定和实施专利战略所要遵循的基本原则进行系列分析。此时需要着重分析产业政策、行业状况、资源存量；企业专利状况、经营方针、经营规模、技术研发和应用能力、市场状况、资源配置、技术和市场发展方向等。在此基础上提出各项专利工作开展的原则，比如，专利工作如何与企业改革和机制创新、结构调整和技术创造、市场开拓和品牌建设等相结合；专利工作如何应对政策、制度、市场和技术竞争等外部环境的变化；专利对在行业内确立与维持目标企业竞争地位应发挥什么作用；在企业内部如何建立协调一致和相互促进的专利工作机制；如何进行专利的国内布局和海外布局等。

3.3　提出总体工作策略

此过程是总体战略原则的细化，需要按照专利类别或专利工作类别提出开展各种工作的策略和方法。此时需要着重分析企业在专利创造、运用、保护和管理方面的状况和提升途径与方式。此过程涉及专利现状分析和专利策略选择。

专利现状分析需要弄清楚企业所拥有的重点产品和重点技术，在国内外取得的专利对关键技术和核心技术的覆盖率，专利技术产品市场化及市场占有率，可获得专利保护而没有申请保护的技术，相关领域专利分布状况和技术标准状况、主要竞争者的专利分布情况、鼓励发明创造的措施和办法、专利申请管理程序、产品技术研发成果管理方式、专利预警程序、专利纠纷应对机制等。

专利策略选择包括选择创造、运用、保护和管理各个方面的各种策略，包括开发、申请、经营、维权和防御类的各种策略。比如专利申请是采用核心专利策略、专利网策略、外围专利策略、迷惑申请策略，还是不申请策略。在选定策略的基础上，对于专利申请，还可以进一步明确所采用的布局模式，即是采用路障式、城墙式、地毯式、围栏式，还是糖衣式布局。各种策略的选择是一件比较复杂的工作，需要综合考虑很多因素，必须要符合企业实际。

通过战略分析提出战略思想的过程常常要借助各种战略分析方法，也往往要借助专利分析的结果；也常常要为不同的企业选择不同的专利工作策略。本章以下内容将介绍几种战略分析方法和多种专利工作策略，专利分析的方法参见本书第三章。

4　策划战略方案

4.1　确定战略目标

确定战略目标的过程需要在前述总体分析的基础上，通过翔实的市场、专利、企业自身实力等情况分析，结合企业经营的目标和特点，通过与国内外优秀企业的比较来进行。战略目标的确定要以各种事实为基础，有理有据，不能随意想象，也不能过于宽泛，必须量体裁衣，提出企业通过努力可以达到的各项指标。

4.2　明确战略重点

战略重点的确立过程需要说明实施专利战略所要解决的主要问题。战略重点的确立有利于抓住主要矛盾，突破重点，在企业资源配置和运用上重点保障，在战略实施

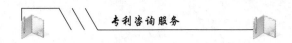

上有轻重缓急，重点解决要害问题。

4.3　选择战略措施

选择战略措施的过程需要说明达到战略目标的途径和办法。此过程需要对各类手段进行全面的分析筛选。比如选择管理类措施，应当考虑研发管理、技术情报收集和分析利用管理、权利获得与维持管理、权利维护管理、预警和风险规避管理、许可转让管理、教育培训和奖惩考核管理、纠纷预防和应急管理、不同组织层面之间的管理、信息共享管理等方面的措施以及人财物方面的保障条件等。

4.4　拟定战略步骤

拟定战略步骤的过程需要将战略目标按时间顺序分解开来，将战略措施融入各项具体工作中。系列战略步骤组成的实施方案是企业专利战略策划的核心成果，因此需要策划者能够认真研究战略背景、仔细领会战略思想、切实牢记战略目标、灵活运用战略措施，具有很强的分析综合能力。

5　撰写战略报告

战略策划完成的最终成果体现为战略研究报告。通常，报告中应分为战略背景、战略思想、战略目标、战略重点、战略措施和战略步骤六部分，详细记载战略的所有内容，作为战略实施的依据。

第3节　战略分析方法

企业专利战略策划过程中，常常需要采用一些战略分析方法，常用的方法有项目管理法、SWOT分析法、BCG矩阵（波士顿矩阵）分析法等。

1　项目管理法

项目管理法是管理理论中成熟而有效的系统方法，通过"启动、规划、执行、控制和结尾"等步骤进行，是对过程的动态管理。将项目管理法运用于企业专利战略策划工作中，就是将项目方法与企业的专利战略策划工作流程集成，建立以项目管理为核心的专利战略策划工作流程。具体过程包括选择专利战略和制定专利战略两个步骤。企业专利战略的选择和制定既是建立企业专利战略工作流程中的首要环节，也是国内企业专利战略管理上的薄弱环节。

企业专利战略策划的工作流程基于项目管理的过程设定，以工作开展过程为核心，定义参与工作过程的角色和职责，而不是定义职能部门。以角色为基础的工作流程强化了角色的作用，可以适应市场的变化并快速作出反应，因而具有很大的弹性。而且，部门和组织的调整一般不会涉及工作流程的调整，这样，相对稳定的企业专利战略策划工作流程可以在实践中不断完善❶。

　　企业专利战略策划工作的运行模式实际上是如何连接内外因素，将企业专利战略的策划最终体现在具体项目的立项上。立项选择是否成功最终决定企业专利战略的成功与否。项目管理法把企业内外与项目有关的部门、机构和人员联系起来，使这些不同部门、机构为实现统一的目标而紧密协作。项目管理法应用于企业专利战略策划工作中，可以建立具有可操作、规范化、系统化的企业专利战略工作流程。

2　SWOT 分析法

　　SWOT 分析是一种企业战略管理理论，它将与研究对象密切关联的内部优势因素（strengths）、弱势因素（weaknesses）和外部机会因素（opportunities）、威胁因素（threats）进行分析并依照一定的次序按矩阵形式罗列，然后运用系统分析的研究方法将各因素相互匹配进行分析研究，从中得出一系列相应的结论❷。

　　运用 SWOT 分析进行专利战略选择分析时，要在了解行业技术竞争环境和现状的基础上，对本企业和竞争者在技术竞争上的资源和能力进行优劣势比较分析，充分认识、掌握、利用和发挥有利条件和因素，控制或化解不利因素和威胁，扬长避短，实现企业专利战略选择和策划。SWOT 分析方法可以从整体上把握企业内外部环境，通过对企业内外部环境因素全面系统的分析，选取关键因素，为企业制定专利战略提供依据，运用流程见下图 5 - 3❸。SWOT 分析方法是一种极具操作性和实用性的企业专利战略分析方法。

　　关键因素的分析与 S、W、O、T 的识别可以明确企业具体面临的机会和威胁，正确判断自身的竞争优势和劣势。影响企业专利战略制定的因素一般可以概括为以下两方面的内容：

　　（1）外部环境因素，即机会因素（O）和威胁因素（T），主要指政治环境因素、技术环境因素、竞争环境因素等；

　　（2）内部环境因素，即优势因素（S）和弱势因素（W），它们是企业在发展过程中自身存在的积极与消极因素，主要包括组织机构因素、资金实力因

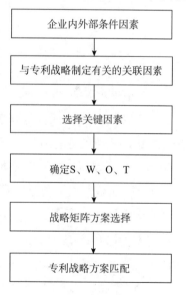

图 5 - 3　SWOT 分析方法
运用流程图

❶　刘平，张静，戚昌文. 企业专利战略的规划——基于项目管理方法的运用 [J]. 电子知识产权，2006（4）：36 - 39.

❷　李娜. SWOT 分析应用于竞争情报活动的实例研究 [J]. 情报理论与实践，2000，23（4）：288 - 290.

❸　刘平，鲁卿. 基于 SWOT 分析的企业专利战略制定研究 [J]. 管理学报，2006（7）：464 - 467.

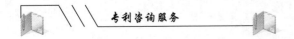

素、员工意识和素质因素、市场竞争能力因素等。

在关键因素的分析与 S、W、O、T 的识别判断基础上，进行象限矩阵分析的战略匹配与选择是整个专利战略 SWOT 分析研究中最重要的内容。

首先，是 SWOT 矩阵的建立。根据上述对企业内外部关键因素的机会、威胁、优势、劣势的分析与识别，将它们按重要性进行排列，形成新的 S1、S2、S3、…，W1、W2、W3、…，O1、O2、O3、…，T1、T2、T3、…的排序，并置于 SWOT 矩阵中（见图 5 - 4）❶。

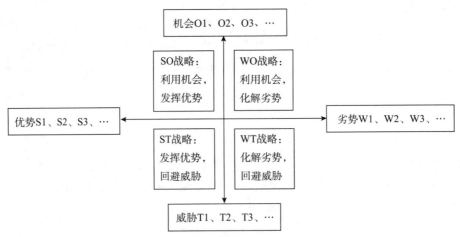

图 5 - 4　矩阵的建立与战略匹配

其次，进行战略的匹配。这一过程是围绕"利用外部机会因素和化解外部威胁因素，从而达到充分发挥自身优势因素、改善自身劣势因素的目的"这一核心指导思想，并运用系统的综合分析方法，将矩阵中的各种因素加以匹配，最后得出一系列可供选择的战略方案和对策❷。具体专利战略的方案可分为以下几个类型❸：

① SO 战略：利用企业内部优势去抓住外部机会的战略，即企业在内部优势强、外部机会多的情况下为了使两者的有利影响趋于最大化而采取的以进攻为主要特征的战略。例如以新技术研发为主的技术开发战略；以核心技术、基础专利为主的专利申请战略；以专利独占、技术有偿转让、专利与技术标准结合的专利运用战略等。

② ST 战略：利用内部优势去避免或减轻外部威胁的战略，即企业在自身优势强、外部威胁多的情况下采取的以攻为主，同时兼顾防守的战略。例如以对引进的专利技术进行改进、开发利用失效专利为主的追随型技术开发战略；以外围专利申请、绕开对方专利为主的专利申请战略。

❶ 米兰，刘红光. 基于改进的 SWOT 模型的企业专利战略制定研究 [J]. 图书情报工作，2010，54（4）：100 - 104.

❷ 赵宁. 我国企业专利战略的 SWOT 信息分析及应对策略 [J]. 现代情报，2008（4）：199 - 201.

❸ 北京路浩知识产权代理有限公司，等. 企业专利工作实务 [M]. 2 版. 北京：知识产权出版社，2010.

③ WO 战略：运用外部机会来改进内部劣势的战略，即企业在自身处于劣势而面临外界机会多的情况下，采取的以防为攻，充分利用外部机会来改善自身劣势并力求进攻的战略。例如以外围专利开发为主的追随型技术开发战略；以绕开对方专利为主的专利申请战略；以技术公开、取消对方专利权为主的专利防御战略等。

④ WT 战略：直接克服内部劣势和避免外部威胁的战略，即企业在专利竞争处于劣势，并面临较多的外部威胁时，着重考虑弱势因素和威胁因素，以防守为主要特征，力求使两者的不利影响最小化的战略。例如以外观设计专利开发为主的追随型开发战略；以失效专利利用为主的专利实施战略；以取消对方专利权、主动合作或和解的专利防御战略等。

在专利战略策略的选择上，要避免单一地选择其中的一个或两个战略策略，而应根据企业内外环境的变化灵活运用多个战略策略和手段，选择合适的战略模式，才能充分有效发挥各种战略模式的作用。

需要注意的是，由于专利技术的开发与研究、申请与授权、引进与购买、实施与利用均需要考虑到专利的价值。因此，企业制定专利战略时，除了根据 SWOT 分析考虑专利竞争能力外，还要根据专利信息评估专利价值的大小。专利价值涉及专利的先进度、成熟度、复杂性、实用性、有效性、权利范围、实施成功率、实施风险和成本等诸多因素，可以用专利信息分析手段来判断，从而对企业内部优势 S 和劣势 W，外界机会 O 和威胁 T 进行区分和识别。

3 波士顿矩阵分析法

波士顿矩阵是一种产品结构分析方法，它把企业生产经营的全部产品或业务的组合作为一个整体进行分析，常用来分析企业相关经营业务之间现金流量的平衡问题。陈玉凤学者将波士顿矩阵引入企业专利战略策划中：根据企业技术创新能力的强弱和研究开发获取专利的价值高低，运用波士顿矩阵分析法来策划企业技术创新各阶段的专利战略（见图 5 - 5）❶。图中的横坐标表示企业技术创新能力的强弱，纵坐标表示专利价值的高低。

此方法也可应用到企业整个专利战略的选择上，形成企业专利战略选择矩阵。横坐标表示企业竞争地位的强弱，纵坐标表示技术创新能力的强弱（见图 5 - 6）❷。

通过企业专利战略选择矩阵，我们将企业按技术创新能力和竞争地位的强弱分为以下四类：

❶ 陈玉凤. 专利战略在企业技术创新中的应用研究 ［J］. 哈尔滨商业大学学报：自然科学版，2006（1）：164 - 168.

❷ 李钊，盛垚. 基于层次分析法和大战略矩阵的企业专利战略研究 ［J］. 情报杂志，2010，29（7）：25 - 29.

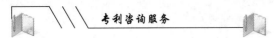

图 5-5　企业技术创新阶段专利战略选择矩阵

（象限Ⅱ）追随型战略、研发联盟战略、专利与技术标准结合战略、专利网战略、直接导入型引进专利战略、专利转让战略

（象限Ⅰ）开拓型战略、基本专利战略、专利网战略、专利独占与合营战略、专利许可战略、创新型引进专利战略、专利与商标结合战略

（象限Ⅲ）利用失效专利战略

（象限Ⅳ）专利储备战略

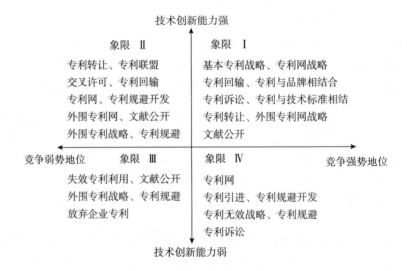

图 5-6　企业专利战略选择矩阵

象限Ⅰ：技术研发能力强、竞争地位强的企业，这些往往是技术和资金等各方面都比较雄厚的大型企业。这类企业在制定专利战略时，受自身制约的因素较少，可以根据技术、市场或专利方面的动向，比较自由地制定专利战略。为了保持和扩大优势，这类企业可以通过实施基本专利战略来拓展新的市场增长点；通过专利网、专利与品牌相结合、专利与技术标准相结合等战略来巩固自身所占优势；通过专利诉讼、外围专利网等战略来压制竞争者；通过专利回输、专利转让来获得资金。

象限Ⅱ：技术研发能力强、竞争地位弱的企业，这些往往是高新技术企业。这类企业在制定专利战略时应当充分发挥自身在技术上的优势，通过专利联盟战略、专利交叉许可战略、专利网战略来增加企业专利技术的影响力；利用技术优势采用专利规避开发战略，绕开竞争者专利的限制；采用文献公开及外围专利战略限制竞争者的发展；还可以通过专利转让、专利回输战略来获取资金。

象限Ⅲ：技术研发能力弱、竞争地位弱的企业，这些往往是中小型企业。这类企业制定的专利战略应当目的性明确。首先要注重做好专利检索、专利分析的工作，这样制定出的战略才具有较强的针对性。通过失效专利利用战略、专利规避战略、借鉴国外专利战略等来发掘企业新的增长点。有一定资金和技术的中小企业还可以实施外围专利战略，以增强其技术竞争力。同时企业还可以通过文献公开、放弃专利权等战略以达到节省开支及防御的目的。

象限Ⅳ：技术研发能力弱、竞争地位强的企业，这些往往是大型的生产型企业。这类企业在制定专利战略时也应当发挥自身产品覆盖面广、资金比较充裕的优势以弥补在技术上的欠缺。可以通过实施专利网战略、外围专利战略、专利规避开发战略、专利引进战略增强企业在技术上的实力；通过专利诉讼、专利无效等战略来限制竞争者。

第4节　专利工作策略

专利工作策略是实现战略目标的途径和手段，其内容广泛、种类较多。本节主要介绍战略策划过程中可供选择的研发类、申请类、维权类以及运用类专利工作策略，这些策略分别服务于企业专利工作的研发促进群组、申请管理群组、权益维护群组以及权利运用群组。

1　研发类策略

研发类策略包括开拓策略、追随策略、防守策略和拿来策略。

1.1　开拓策略

开拓策略指以开拓全新技术为主要目的的策略。

全新技术作为某一领域的开拓性技术，往往是行业中的核心技术，在行业中具有支配地位，形成专利后可以成为堵住竞争者通道、最大限度排除竞争者的武器。而且这种技术往往在短时间内难以被替代和摹仿，可以给企业带来长期和巨大的竞争优势。

开发全新的开拓性技术虽然有显著的优势，但也存在很大风险，一旦研发失败和技术预测失误都会给企业造成非常大的损失。因此，企业实施开拓型策略需要具有一定的经济和技术实力，能够支撑投入量大的研发活动，并能承受可能造成的损失。

1.2　追随策略

追随策略是指沿他人核心技术进行改进或拓宽应用领域，以开发全面改进技术为主要目的的策略。

开发核心专利的改进技术、替代技术、关联技术和规避技术等，都是这种策略的

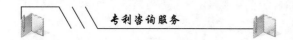

应用。另外，在竞争者已经对某核心技术部署了专利网时，通过分析寻找其专利网的"缝隙"，对仍有进攻余地和可能开发的技术组织开发，也是这种策略的应用。

这种策略起点高、成本低、风险小。开发出的外围技术形成专利，可以减少核心专利的控制力，阻挡竞争者技术升级，提高产品档次，获得与核心专利、基础专利所有者进行交叉许可的筹码。

现阶段，我国企业比较适合采用这种策略，通过开发一些技术难度低，易被忽略的外围技术，达到以小换大、以小胜大、以弱胜强的战略目的。

1.3 防守策略

防守策略指在本企业的核心技术周围开发一系列外围技术，以便形成许多外围小专利的策略。

该策略是以开发出部分改进技术为主要目的的策略，它往往是企业在采用开拓策略的基础上，与开拓策略配合使用，将开发开拓性技术与开发外围技术相结合，尽可能防止竞争者渗入，获取该技术领域最大控制和支配地位。

比如，核心技术为化合物时，可以进一步开发新的制备方法和工艺、新的制剂、新的晶型、新的适应症或进行结构修饰获得新的衍生物等。

1.4 拿来策略

拿来策略指使用、仿制或改造失效专利和非中国专利，以规避他人专利垄断的策略。

这种策略一是直接使用或仿制，二是改造。运用这种策略虽然可免付使用费，风险系数较低，开发投入少，成本低，见效快，但应特别注意要做好市场调查和预测，避免选择被市场淘汰、或没有应用前景、或市场已完全被覆盖的技术或产品。

对我国企业而言，采用此种策略的最好办法是将拿来与创新相结合，学会聪明地仿制或者是创造性仿制，也就是说，应站在巨人的肩膀上，而不是趴在巨人的身上。

2 申请类策略

申请类策略包括专利网策略、核心专利策略、外围专利策略、迷惑申请策略和不申请策略。

2.1 专利网策略

专利网策略指将所开发的核心技术和外围技术分别申请核心专利和外围专利，在某一领域形成由核心专利和外围专利构成的专利网的策略。

专利网策略能够形成专利壁垒，筑起一道坚固的保护墙，使竞争者无法突破，有利于企业长期垄断某一技术领域或产品。

根据专利网中核心专利和外围专利的申请次序和各自的作用可以有以下三种申请方式[1]：

（1）核心专利和外围专利同时申请

如果企业在获取核心技术的同时，也获得了一系列与之配套的外围技术，此时，可以将核心技术和配套技术一起分别申请核心专利和外围专利，不给竞争者进行外围技术开发和改进的机会。但采用这种方式必须保证在竞争者完成同样开发并申请专利之前及时提出申请。

（2）先核心专利后外围专利

为了确保自己的核心技术能成为在先申请并取得专利权，可以先申请核心专利，再申请外围专利。采用这种次序具有较大的风险，因为竞争者在核心专利公开后也可以进行跟进开发，从而对企业形成竞争。因此，只有在确定竞争者在较短时间内无法形成威胁，或者外围技术开发即将完成时才能采用这一方式。

（3）先外围专利后核心专利

为了延迟竞争者获取核心技术相关信息的时间，可以采用先申请外围专利，后申请核心专利这一方式。这种方式不仅能延迟公开核心技术信息，而且可以给企业争取较长的完善核心技术的时间，并可以使核心专利保护期限的起算点往后推延，达到延长核心专利保护时间的效果。

2.2　核心专利策略

核心专利策略是指将研发出的开拓性发明创造申请核心专利的策略。

核心专利又称为基本专利，是由开拓性的发明创造所产生的专利，具有划时代的意义和导向性的作用，这类专利往往存在广泛实施的可能性以及巨大的经济前景，如药物的化合物专利等。这类专利一般保护范围较大，竞争者难以绕开。

核心专利策略是企业基于对未来发展方向的预测，为保持自己的技术、新产品竞争优势，将其核心技术或基础研究作为基本专利来保护，并控制该技术领域发展的策略。

单独采用核心专利策略一般是在核心技术已经成型，外围技术尚未开发的时候，首先对核心技术提出专利申请。这种情况可以采用以下申请方式：

（1）抢先申请

抢先申请是指在完成发明创造后抢先或第一时间提出专利申请的方式。

对于同一研发主题，不论是产品本身还是其工艺方法、设备、用途，都可能有不少人在同时进行研发，在大多数采用先申请制的国家里，若不抢先申请，可能会痛失良机，失去专利权。

---

[1]　北京路浩知识产权代理有限公司，等. 企业专利工作实务［M］. 北京：知识产权出版社，2009.

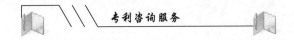

（2）优先权申请

优先权申请方式是指通过合理使用优先权，在原有申请中加入新的、更为完善的技术方案的专利申请方式。

优先权申请方式是抢先申请方式的一种衍生，即可以在核心技术方案基本成型的阶段就抢先提出专利申请，然后在一年中不断改进和完善核心技术方案。通过优先权的方式进行新的专利申请，既达到了抢先申请的目的，又实现了完善的效果。

（3）收费站方式申请

收费站方式是指在未来的技术发展必经之路上设置各种"收费站"式专利的申请方式。

首先需要将核心技术申请专利，然后对该技术的发展动向进行深入调查，预测出该技术未来发展的必经之路，最后重点发展相关的外围专利并进行专利申请，实现"收费站"式的效果。

2.3　外围专利策略

外围专利策略是指将多项与他人核心专利配套的外围技术申请专利的策略。

如果最终开发的技术成果只是某些核心技术的一系列外围技术，那就应该采取外围申请策略。

在他人核心专利周围设置外围专利，可以起到制衡对方，获得交叉许可筹码的作用。在他人核心专利公开以后，抢先开发外围技术或改进技术并申请外围专利，对核心专利形成包围圈，使自己在没有掌握核心专利的情况下，仍然可以占领一定的市场份额。

企业在没有强大的技术开发能力或经济能力支撑的情况下，采用这一申请方法不失为一种有效的申请策略。

2.4　迷惑申请策略

迷惑申请策略是指将一些并非本企业所需的技术和次要技术申请专利，而将重要技术不申请专利，以迷惑竞争者的策略。

为了使竞争者摸不清企业的情况，企业可采用这一策略，将不真正代表本企业技术研发重点或投资重点的技术申请专利，"误导"或迷惑竞争者，让竞争者不清楚本企业的技术发展方向从而无法跟踪自己的技术和产品发展。

2.5　不申请策略

不申请策略是指对可以做到长期保密的、或者商业生命周期短的、或者缺乏专利性的技术不通过申请专利来保护的策略。

有着一百多年历史的美国可口可乐饮料配方、历史悠久的我国云南白药配方不申请专利就是运用这种策略的经典案例。

以技术秘密方式保护有关技术不需要办理任何官方手续，不必支付任何费用，还不受保护时间的限制，但是通过技术秘密方式保护没有排他性法律效力，一旦发生被他人盗窃商业秘密的情形，追究责任的举证工作往往十分困难。只有那些保密难度低，而他人通过反向工程或者其他途径破译难度高的技术才适合采用该策略。

不申请专利策略也可以用于一件发明中的部分内容，即一部分技术申请专利，一部分技术作为技术秘密保护。

3　维权类策略

维权类策略包括诉讼策略、警告策略、绕开策略、排除策略、公开策略以及防卫策略。

3.1　诉讼策略

诉讼策略指发现专利侵权行为后，及时向法院起诉的策略。

采用这种策略，在提起诉讼前，要收集足够的证据。可以在不同地区多次购买侵权产品，完整保存发票。对于购买回来的产品，要进行全面分析、化验，确认是在自己的专利保护范围之内。同时，还要注意必要时申请财产保全，并选择有技术背景的专业知识产权律师作为代理律师。

在向法院提起诉讼后，还可以考虑接受法院的调解。调解对解决专利侵权纠纷案件具有成本低、速度快等优点，因而许多专利侵权纠纷案件都以和解告终。

此外，在发现侵权后还可以请求管理专利工作的地方行政部门处理或调解。

3.2　警告策略

警告策略指在发现他人侵犯其专利权时，向侵权方发出警告的策略。

在发现他人侵犯其专利权时，可以向对方发出律师函或者警告函。当然，在发出警告前必须注意做好可能诉讼的准备工作。

在申请公开之后至授权前的临时保护期内，可以向侵权方提出警告函。如果侵权方不停止侵权行为，也不交付使用费，则在专利授权后，此警告函便成为控告对方侵权，索取赔偿的重要依据。

3.3　绕开策略

绕开策略指在不能排除他人妨碍自己的专利（障碍专利）时，设法尽量绕开的策略。

在竞争者已经获得专利权，并且该专利权对企业的发展构成妨碍，而企业又不能或不想通过无效宣告等方式排除该专利权时，可以采用这一策略。这种策略既可以避免侵犯竞争者的专利权，又可以突破对方的专利防御。

绕开策略的途径包括：

（1）开发与竞争者的专利权不抵触的技术；

（2）使用技术性能、水平和效果与专利技术没有太大差别的替代技术；

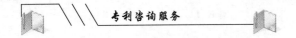

（3）在不受专利保护的地域内利用他人专利。

此外，当掌握了能够使障碍专利权被宣告无效的足够理由和证据时，也可以不请求宣告其专利权无效，而是与专利权人谈判，以达到免费使用，并减少其他竞争者的目的。这也是一种绕开障碍专利的巧妙途径。

3.4 排除策略

排除策略指发现某专利妨碍或有可能妨碍本企业利益时，积极寻找对方专利的漏洞和缺陷，利用请求宣告专利权无效或提交第三方意见予以排除对方专利权的策略。

提出无效宣告请求后，即使不能完全排除障碍专利，也应尽量缩小对方权利要求的保护范围，使自己的产品尽量不落入其专利保护的范围内。

对被控侵权的人来说，这是一种主要且有效的防御策略。通常是"你告我侵权，我诉你无效"。排除策略也可以用于对国外专利技术的防御，比如在面对美国 337 调查时，常常可以采用这一策略。

3.5 公开策略

公开策略指以文献或使用等方式公开某些技术信息来破坏这些技术的新颖性，从而阻止竞争者就相同的技术获得专利的策略。

对一些开发出的技术或产品，认为没有专利保护的必要或不想申请专利，同时又担心竞争者会就相同的技术或产品申请专利，从而对自己以后的生产经营形成障碍时，可以采用这一策略。

采用这一策略时要注意：

（1）仔细分析利弊，慎重决策；

（2）选择在影响小、发行量少、小语种或不被相关领域技术人员关注的出版物上公开，这可以使得该信息的传播面小，尽可能地让竞争者不知道或晚知道该信息；

（3）公开后，及时收集公开的证据，以便在他人就相同技术或产品取得专利后请求宣告专利权无效。

3.6 防卫策略

防卫策略是指通过申请专利来避免他人申请相关专利而对自己造成威胁的策略。

防卫申请策略申请专利的目的与一般专利申请的目的不同，它既不是为了开发使用，也不是为了获得排他权。

采用这一策略有两种情况：一是为了阻止他人开发同类或相关技术与自己竞争；二是避免他人抢先申请专利限制自己今后的技术开发和使用。

某些开发出的技术虽然是企业目前暂时不实施或无法实施，却可以作为企业的技术储备或作为将来更新发明的基础时，可以采用这一策略。

第5章

4　运 用 类 策 略

运用类策略包括受让策略、转让策略、入股策略、共享策略、垄断策略、搭配策略以及许可策略。

4.1　受让策略

专利权受让策略指购买他人专利权的策略。

通常，企业可以通过自行开发、合作开发和委托开发等方式开发出自己的新技术，并通过各种申请类战略措施获得相应的专利权，这是企业专利的一种主要来源。然而，单一来源无法满足日益复杂的市场竞争的需求，很多企业通过专利权受让策略直接获得专利，可以省去开发和申请这两个环节，节省开发和申请的时间。

企业采用专利权受让策略有多种可能，一是企业可能缺少技术开发的能力，无法自行开发并取得专利权；二是企业在专利布局上缺少某一重要环节，通过受让一些专利权，可以使专利网更加完善；三是企业想要进入一个新的技术领域，在收购企业的同时还会收购大量专利，这样就可以直接成为行业巨头和领先企业，省去了技术成长和培育的漫长阶段。

专利权受让的方式有多种，如直接购买专利权、通过收购企业或企业合并间接获得专利权等等。

专利权受让策略中，购买的既可以是企业竞争者的专利，也可以是其他企业或个人的专利。购买的目的可以是企业自己开发产品使用，也可以是购买后为获取许可费进行专利实施许可，或者是用来获得与竞争者谈判的筹码等。

一些具有较好市场前景的技术取得专利保护后，其价值可能并没有被发现而处于无人问津的状态或者原开发企业没有实施应用的能力或打算。企业如果能够敏锐地发现这些专利，则可以以较低的价格进行购买。

采用专利权受让策略应注意对被购买专利的权利状态，包括专利的类型、有效期限以及权利的稳定性等进行考察，并且在转让谈判前对该专利的价值进行评估，为是否购买以及购买价格提供依据。

4.2　转让策略

转让策略指将专利权或者专利申请权转让获取利益的策略。

在商品化早期阶段，采用这种策略需要慎重。电子钟表技术在瑞士未受到重视，被转让给美国。日本则从同样不重视该技术的美国人手中引进。引进后，日本企业全力组织深层次的开发，最终研制出成熟的电子钟表技术。日本成为电子钟表业的头号王国，从根本上动摇了瑞士在世界钟表行业中的地位。而且，电子钟表问世后大规模地"驱赶"机械钟表，使瑞士钟表出口遭受重创，钟表厂倒闭过半。这是瑞士在电子钟表专利权转让策略运用上的一大失误。

第 5 章

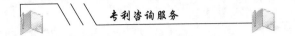

对那些本企业不打算实施或无条件实施的专利，可以考虑采用这一策略。

4.3 许可策略

许可策略指许可他人实施本企业专利的策略。

类似转让策略，在商品化早期阶段采用容易造成他人后来者居上，自己反受到牵制的后果。

在市场需求量大，本企业生产无法满足市场需求或者替代技术即将出现时，可以选择实施许可策略。

交叉许可（互惠许可、互换许可）策略是许可策略的一种特殊形式，指双方当事人相互许可对方实施的策略。交叉许可常常是企业间为了防止相互侵权而采取的策略。交叉许可既能满足企业的技术发展需要，又能避免两败俱伤或双方都无法实施自己专利的局面出现。

4.4 入股策略

入股策略指将自有专利作为资本入股，与他人共同实施的策略。

由于专利权转让策略需要非常谨慎，而且发明人也对自己获得的专利具有感情，对于自身资金不足、自己无法实施或者暂时未发现市场价值的专利很难割舍。这种情况下可以采用投资入股策略，既不用完全放弃专利权，又可以借助他人的力量使之得以实施。

4.5 共享策略

共享策略是指企业将其部分核心专利或关键专利免费提供给其他企业使用的策略。

企业在确保自己的竞争优势前提下，为减少专利垄断给其他企业造成进入该领域的障碍，将部分专利免费提供给其他企业使用，由此吸引其他企业进入，快速做大和繁荣市场，并形成产业链，从中获得更大利益。

这种策略一改专利垄断的特性，其目的在于借助其他企业的力量，推动消费和市场的培育，在确保自己上游垄断地位的同时，通过开放专利，促进下游产业链的发展，反过来在上游获得更多的回报。其效果有时可能会比一家独大，独享专利垄断更好。

另外，专利共享也有利于促进标准的形成。由于放开了知识产权限制，更多企业使用同样的技术向市场提供产品，这将有助于将专利技术确立为标准，为企业获取更大利益打下基础。

4.6 垄断策略

垄断策略指企业自己独家实施本企业专利，不对外转让或许可他人实施的策略。

在市场需求量不大，本企业生产已能满足市场需要时，可以选择实施该策略。

实施该策略时，首先需要分析专利竞争情况以及自己所处的地位，即自己和竞争者的核心专利、外围专利的数量和分布情况，判断行业中的专利垄断程度和采用该策

略的可能性。专利垄断程度可以分为四个层次，即完全垄断、寡头垄断、垄断竞争和完全竞争。

（1）完全垄断的情况是企业拥有核心专利，也可能配套有一系列外围专利，而其他竞争者既没有其他核心专利，也没有足够数量的、能与之相抗衡的外围专利。这种情况下，企业往往会选择独占经营策略、搭配策略或实施许可策略，并结合维权类战略中的诉讼策略，获得"市场蛋糕"中最大一块。

（2）寡头垄断的情况是企业虽然拥有核心专利，也可能配套有相关外围专利，但还存在其他一个或少数竞争者，也同样拥有核心专利，或者拥有大量的、能与之抗衡的外围专利。这种情况下，企业往往会选择和主要竞争者合作，采用交叉许可的方式使双方都能进行产品的生产和销售，同时将其他竞争者排除在市场之外。寡头之间可以通过调解或和解的方式达成交叉许可协议，但对于其他竞争者，仍然会采用严厉的诉讼策略。

（3）垄断竞争的情况是行业的部分企业各自拥有一定量的核心专利或外围专利，形成相互掣肘的态势。这种情况下，这些企业之间会选择专利池策略，组建专利联盟，共同应对其他企业的竞争。

（4）完全竞争的情况是行业内的核心专利或基础专利已经失效，而许多企业都拥有一些外围专利，使自己的产品更具特色。这种情况下，企业更多的是采用防御类的专利措施，确保自己的产品发展路线不会与他人发生专利纠纷。

表5-2列举了几种典型专利分布情况及其对应的垄断程度，其中大圆代表核心专利，小圆代表外围专利，不同灰色代表不同的专利权人。表中还列举了在不同的垄断程度下处于垄断地位的企业可以选择的较佳战略措施和策略。

表5-2

	完全垄断	寡头垄断	垄断竞争	完全竞争
典型专利 分布情况				

第5章

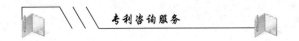
续表

较佳战略策略	完全垄断	寡头垄断	垄断竞争	完全竞争
	垄断策略 搭配策略 许可策略 维权类策略	许可策略 标准化策略 诉讼策略	垄断策略 许可策略 绕开策略	维权类策略

4.7 搭配策略

搭配策略指将专利权与相关商标权组合在一起转让或者许可实施的策略。包括专利与自己商标搭配的策略和专利与他人商标搭配的策略。

当专利技术是所属领域的新技术或新产品时，往往需要进行市场开拓。如果本企业的商标具有较大影响力，则可以采用专利与本企业商标搭配的策略，借助商标的信誉推广专利产品。采用这一策略时，可以同时进行专利许可和商标许可，提高许可收入。反过来，在本企业商标知名度不高时，采用这一策略可以提高本企业的商标知名度。

当对方商标的知名度高，需要使用对方的商标来推广自己的产品时，就可以采用专利与对方商标搭配的策略，在许可对方实施自己的专利技术时，与对方进行交换，要求对方许可自己使用其商标，由此达到"借船出海"的目的。当然，应注意将自己的商标和他人商标同时并用。

第5节　战略策划示例

本节通过两个案例说明专利战略策划的程序与方法。

1　专利战略策划示例

下面以一家中型科技企业专利战略策划过程为例，说明战略策划的主要程序。

1.1　进行策划准备

策划准备阶段，组建项目组，确定项目组成员，并制定详细的工作计划，明确具体的工作内容、工作目标以及工作进度。

1.2　调研战略背景

通过对企业所处的内外部环境进行全面的调研取得如下信息：

1.2.1　调研内外部环境

该企业自成立以来共申请了几十件专利，以外观设计为主，发明数量极少，没有该技术领域的核心技术专利申请或授权。经营过程中，企业逐渐认识到新技术、新产

第5章

品对其发展的重要性，目前正积极寻求技术突破和产品升级，对专利工作的重要性也开始有所认识。但该企业整体专利工作水平较低，专利组织机构、专业人员配备、专利和创新制度建设、专利信息利用等专利管理工作未能全面有效开展，企业专利战略工作基础薄弱，难以适应企业未来发展要求。

1.2.2　进行 SWOT 分析

运用 SWOT 分析法对该企业所处的环境因素分析如下：

内部优势（S）：有产、学、研基础，拥有一定的技术开发力量；具有专利投资和引进的资金来源；在国内同行业中有一定知名度，产品在国内有一定市场。

内部劣势（W）：内部专利管理组织机构和专利专业人才缺乏；关键和核心技术匮乏；目前申请的专利质量水平不高；缺少企业专利文化建设，专利意识薄弱。

外部机会（O）：企业得到所在地政府的高度重视和支持；光电子产业的蓬勃发展给企业提供了广阔发展空间和前景；国外企业愿意给予专利许可，并进行技术合作，为引进先进技术提供了可能；国内高技术水平的企业还不多，企业在国内具有一定技术研发及市场竞争潜力和优势。

外部威胁（T）：新兴的国内同类企业不断涌现，竞争者日益增多；客户对产品的要求日益多样化；针对光电子行业，国外先进专利技术壁垒越来越多，专利转让和许可费大幅度提高，转让条件更加苛刻；行业内专利侵权纠纷引发的诉讼变得频繁。

根据上面分析，构造如下 SWOT 矩阵，见案例 1 表 1：

案例 1 表 1　SWOT 矩阵分析

内部环境 外部环境	优势（S） 1. 有一定技术开发力量 2. 产品有一定影响力 3. 有资金保证	劣势（W） 1. 专利组织机构和人才缺失 2. 关键核心技术缺乏 3. 现有专利质量不高 4. 专利文化和专利意识薄弱
机会（O） 1. 政府支持 2. 产业前景光明 3. 国内竞争者技术水平相当	SO 战略 利用政府支持力度，加快技术创新	WO 战略 构建专利管理组织，提高专利质量，培养公司专利文化和意识
威胁（T） 1. 竞争者增多 2. 客户需求多样化 3. 国外企业专利壁垒强大 4. 专利侵权纠纷变多	ST 战略 提高技术创新水平和产品市场适应性，加快技术引进，避免专利纠纷	WT 战略 构建专利管理组织，进行专利文化建设，加快技术引进，把握客户和市场需求，避免专利侵权发生

根据企业面临的内外部环境，特别是专利现状、产业市场状况和未来发展趋势，建议该企业采用以防御性专利战略为主、进攻性专利战略为辅的战略模式，如 ST 和

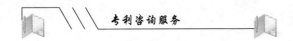

WO 战略，这样的战略更符合在专利领域里处于弱势，经济实力有限，技术上缺少垄断优势的中小企业的发展需要。

1.3 确立战略思想

根据以上调研信息及对企业内外部环境的 SWOT 分析等，确立了适合企业现阶段发展的战略思想为：技术引进与自主创新相结合，通过产、学、研合作开发，逐步实现关键技术的自主化的 ST 战略，即防御性为主、进攻性为辅的专利战略。

1.4 策划战略方案

1.4.1 确定战略目标

根据上述分析确定企业专利战略的目标在于：加大自主创新力度，提高专利申请的数量和质量；加快技术引进，提高自有专利和引进专利的实施率；加强专利制度建设，提高专利保护和管理水平。

1.4.2 明确战略重点

根据上述确定的战略目标，明确专利战略的重点为从研发、申请、维权和运用四个方面提高专利工作的水平和质量，具体如下：

（1）专利研发

专利研发方面的重点为：通过技术引进与自主创新相结合的方法，形成有较高技术含量和市场应用价值的改进或全面改进技术。

（2）专利申请

专利申请方面的重点为：将可能的改进技术形成有应用价值的发明专利，结合企业已有专利情况，形成一定规模的外围专利网布局，限制竞争者在这一领域的活动空间，提高自身的技术竞争能力。

（3）专利维权

专利维权方面的重点为：加快专利意识培养和专利知识培训，警惕并防范专利侵权，及时化解专利纠纷，同时做好专利侵权调查和分析，采取各种应对专利侵权的防御战略策略，降低专利纠纷法律风险。

（4）专利运用

专利运用方面的重点为：运用交叉许可或技术改进后回输许可的方式，实行联合研发和成果共享，获取技术便利和专利收益。

1.4.3 选择战略措施

在上述分析的基础上，结合企业专利管理现状和问题，从专利战略管理组织建设、资金保障、信息利用及工作方式等方面对企业专利战略管理方案进行了规划。

（1）机构建设

加强组织结构规划管理和专利人才资源配置管理，建立规范化的专利管理制度、发明奖励激励机制和可行的专利工作绩效考核体制。

（2）资金保障

通过技术入股、吸引风险投资、贷款等方式建立多元化资金投入渠道，加大研发投入力度，将研发投入控制在企业销售额的 6% 至 10% 之间；同时积极争取国家政策支持。

（3）信息利用

充分利用专利信息资源，一方面对企业的产品类型和专利状况进行对比分析，确定可能遇到的专利侵权风险，设定风险系数，对系数大的风险予以密切监视；另一方面利用现有的专利文献加快技术的创新进程，并在此基础上，建立企业用专利数据库。

（4）工作方式

具体而言，企业可以采用如下工作方式：

1）与拥有专利的同类企业及科研院所结成联盟

加强企业间联合或产学研合作，与拥有专利的同类企业及大学和科研机构结成专利联盟，重视与大学、科研机构开展专利技术的有偿转让、互惠许可、交叉许可，通过强强联合，壮大自身实力，抢占市场先机，赢得竞争主动权。

2）针对关键技术和核心技术进行专利布局

就现有产品和技术类型进行技术预测，对具有发展前途和深远影响的关键技术或核心技术集中精力予以开发研究并进行海内外专利布局，形成企业自己重要技术的专利网络。

3）将技术引进与自主创新相结合

在加强自主创新的基础上加强技术引进，在技术引进时需首先做好专利引进的相关调查工作，调查工作除了包括与专利相关的状况外，还要结合企业现有的技术水平和能力来考虑，应从能吸收、消化的角度选择目标企业和引进技术内容；同时，在专利引进的基础上要学会自主创新，形成以市场为导向的创新价值模式。

4）以市场导向为原则进行技术开发

坚持以市场导向为原则，在专利产品开发过程中根据企业的技术和资源情况，把可制造性和可实施性作为重点关注的问题，通过与市场的"无缝对接"，减少创新产品进入市场的障碍，加快专利创新产品上市进程，从而为企业尽快形成新的利润增长点创造条件。

1.4.4　拟定战略步骤

在上述分析的基础上，拟定了专利战略的步骤，包括上述各项工作的具体实施内容、实施时间、实施条件、保障措施及实施效果的考核方式等。具体步骤略。

1.5　撰写战略报告

在前述所有工作的基础上完成了专利战略报告。报告内容略。

第 5 章

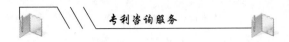

2 战略思想确立示例

本示例主要说明了某家电企业微波炉产品专利战略策划中战略思想的形成过程。

2.1 战略背景

首先对企业所处的内外部环境进行全面的调研，取得如下信息：

2.1.1 企业内部环境

① 企业的组织管理能力：建立有良好的知识产权管理体系和健全的知识产权管理规章制度，知识产权战略运用能力较强。

② 企业的市场发展潜力：品牌知名度高，产品技术含量高，有很好的市场发展潜力。

③ 企业综合实力：企业的人力资源充足，财力雄厚，研发能力较强。

④ 企业员工知识产权意识较强：有良好的知识产权培训和激励机制，企业员工的专利战略意识和创新意识较强。

2.1.2 企业外部环境

① 国际环境：中国的微波炉产业在国际上处于领先位置，且生产规模最大，有很强的国际影响力。

② 政策环境因素：国家知识产权制度和保护环境不断完善，国家、地区等对家电行业有一定的政策扶持。

③ 经济发展环境因素：经济危机、经济衰退、出口下降。

④ 市场环境因素：消费需求下降，城市市场较为饱和。

⑤ 竞争环境因素：竞争者实力较强，潜在对手发展迅速。

⑥ 技术环境因素：技术趋于成熟，形成技术突破较难。

通过上述分析，结合行业的专利状况可以得出以下结论：

① 微波炉技术在国内已趋于成熟期；

② 我国微波炉企业拥有的技术实力和掌握的核心技术与韩国企业相比还有不小的差距。该公司专利申请量虽然靠前，但绝大多数是实用新型和外观设计专利，发明专利的比例很小；而韩国的 LG 和三星的发明专利比例相当大。

2.2 SWOT 分析

通过对该企业内外部环境因素的调查，结合其他相关分析，可以看到，在该企业具备自身优势及劣势的同时，还面临着来自外部环境的机会和威胁。据此，进一步提取并确定影响该企业微波炉专利战略的 S、W、O、T 因素如下：

2.2.1 内部优势（S）

① 企业品牌：该企业已经拥有属于自己的微波炉品牌，在国际市场上具有很大的影响力，在国内的知名度仅次于格兰仕。

② 完善的知识产权组织管理体系和制度建设：该企业建立了集团层面和事业部层面两个层次的知识产权组织管理。该体系采用宏观和微观、上级和下级双管齐下的方式来组织该企业的知识产权管理工作。同时，还具有基本完善的知识产权管理规章制度，可以保障知识产权工作的顺利进行。

③ 重视对员工专利意识的培养：该企业十分重视对员工专利意识的培训，有系统全面的知识产权培训计划。

④ 重视专利信息的利用：拥有自己的专利管理信息系统；在全集团范围内推广了国内外专利信息检索系统和专利信息战略分析系统，提高了专利信息利用水平。

⑤ 市场开拓能力较强：该企业在全国各地设有强大的营销网络，在海外各主要市场设有 30 多个分支机构，具有良好的市场竞争能力和市场影响力。

⑥ 资金雄厚：该企业连续多年在国内家电市场占据很大的份额，且销量一直排在前列，资金实力强大。

⑦ 积极开发外围专利：该企业近年来十分重视对外围专利的研发，利用外围专利来挟制国内外技术实力较强的竞争者。

2.2.2　内部劣势（W）

① 研发创新能力较弱：创新能力和技术研发能力还有待提高。

② 基础专利较少，对外围专利依赖性较强：该企业微波炉的专利总量虽然排名较前，但是绝大多数是实用新型和外观设计专利，自主核心技术的基础专利较少。

2.2.3　外部机会（O）

① 政策环境：我国正不断完善知识产权制度和推出有利于企业实施专利战略的政策法规，为企业创新提供良好的氛围和环境。

② 潜在市场巨大：随着农民收入和消费水平的不断提高，中国广大的农村地区正成为微波炉巨大的潜在市场。

2.2.4　外部威胁（T）

① 市场环境：由于受到金融危机的影响，国外微波炉市场趋于萎缩，国内城市市场也趋于饱和状态。

② 行业环境：由于产品成本的提高和多家微波炉企业的价格战的影响，企业利润不断降低。

③ 竞争环境：国外的竞争者主要是来自韩国的 LG 和三星，这两家企业的技术研发能力远远超过该企业。国内的主要竞争者是格兰仕，格兰仕拥有雄厚的实力并占有很大的市场份额，综合实力在该企业之上。

2.3　战略矩阵制作

将前述的 S、W、O、T 四部分的每一项进行重要性分析，按重要性进行排序后，放入矩阵框架的结构中，形成企业的专利战略矩阵，如示例 2 图 1。

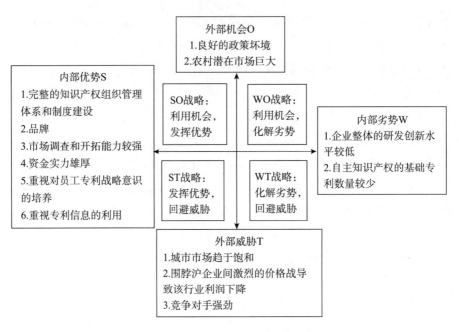

示例2图1　SWOT 矩阵及战略匹配

2.4　战略思想确立

由上述矩阵图可以看出，该企业自身优势远远大于自身劣势，而外部环境不仅为该企业的发展提供了机会，同时也隐藏着很大的威胁。所以，依据以上分析，该企业适宜的战略思想是采取 SO 战略与 ST 战略相结合的混合战略模式，即进攻战略与防守战略相结合的战略模式。具体如下：

（1）SO 战略

即企业的内部优势强，外部机会多。该战略以进攻为主要特征，目的在于使两者的有利影响趋于最大化。

针对 SO 战略，该企业可以考虑的主要策略包括：以新技术研发为主的研发类策略，以核心技术专利、基础专利申请为主的申请类策略，以防止和打击专利侵权为主的维权类策略以及以专利独占、技术有偿转让、专利权收购、专利与商标相结合为主的运用类策略。

（2）ST 战略

即企业拥有自身的竞争优势，但同时面临着外部的威胁。该战略的特点是着重考虑优势因素和威胁因素，以攻为主，同时兼顾防守，达到以攻为守的目的。

针对 ST 战略，该企业可以考虑的主要策略包括：以对引进专利技术进行改进、开发利用失效专利为主的追随型研发策略，以外围专利申请、抢先申请、绕开对方专利为主的申请策略，以文献公开、投诉或取消对方专利权为主的维权策略以及以交叉许可、专利技术共享与合作为主的专利运用策略。

第6章 其他咨询服务

服务对象的专利工作名目繁多,专利咨询服务项目随之增多。以上几章详细介绍了几种主要的专利咨询服务项目,本章将简要地介绍尽职调查服务、专利资产评估和交易合同咨询等另外三种较为常见的专利咨询服务项目。

第1节 尽职调查服务

尽职调查经常发生在企业运营、并购、上市或交易等活动中,涉及专利的尽职调查正逐步成为专利咨询服务的重要项目。本节从专利尽职调查的概念出发,重点阐述专利尽职调查的内容和专利尽职调查服务的程序。

1 尽职调查的概念

1.1 尽职调查的概念

尽职调查是指通过收集和分析相关信息,对企业在运营、并购、上市或交易等活动中是否存在相关的风险问题及受益机会进行分析判断,提供企业决策参考依据的行为。

购买股份或资产本身存在各种风险,包括财务、人事和客户等方面的风险和合同义务等。因此,买方首先考虑的是风险,而不是收益。尽职调查的目的是使买方尽可能地查清或了解有关要购买的股份或资产的全部情况。从买方的角度,尽职调查也就是风险管理,通过实施尽职调查来补救买卖双方在信息获知上的不平衡。一旦通过尽职调查明确了存在哪些风险和法律问题,买卖双方便可以就相关风险和义务应由哪方承担进行谈判,同时买方可以决定在何种条件下继续进行收购活动。

1.2 专利尽职调查的概念

专利尽职调查是指通过收集和分析相关专利信息,对企业在运营、并购、上市或交易等活动中是否存在相关的专利风险问题及受益机会进行分析判断,提供企业决策参考依据的行为。

专利尽职调查是对被调查目标公司的专利的确权、应用、保护、纠纷等诸方面的状态进行调查和评估的综合性调查工作,其适用于众多领域,包括并购、合资、其他许可协定、风险资本融资、首次公开募股(Initial Public Offerings,简称 IPO)以及专

利资产的证券化。

专利尽职调查的主要目的是在调查过程中审查与专利有关的所有信息，找出存在的漏洞、问题或缺陷，指出可能存在的所有潜在风险，尤其是找出被认为拥有权利但实际上却有权利瑕疵的事实以及被认为不承担义务但实际上并非不承担义务的事实，因为这些事实可能带来巨大风险，而且不管是买方还是卖方，都可能面临风险。

第一个风险是交易标的的价值可能变化。财务条款，如许可使用费，可能已经达成协议，而一个尽职调查发现的漏洞却可能导致这些已达成的协议在降低条件的基础上重新进行谈判，给专利权人带来不利。

第二个风险是由于必须弥补尽职调查发现的漏洞而可能延迟交易。比如：尚未征得专利权共同所有人的同意；本来以为自己拥有独占许可的专利权却发现其实只是普通许可而已；本来以为自己完全拥有的专利权实际上由合作者、被委托研发者作为关键工作的承包人而拥有。权利瑕疵这种风险可能导致的交易延迟虽然可能不会太长，但是买方却可能在此期间丧失兴趣，从而使交易失败。如果专利权的许可或转让是必须的，可能导致共同权利人之间或与真正的权利人之间的谈判，最终不得不作出更大的妥协才能保证交易的进行。

第三个风险是尽职调查发现的漏洞无法弥补或者买方无法接受，从而导致交易彻底失败。

在专利交易中，完善的尽职调查工作有助于买方正确评估专利的价值，了解专利的潜在风险，确保损失最小化，有助于卖方及时发现和弥补漏洞，促成交易的顺利完成。

1.3　专利尽职调查的应用

专利尽职调查通常应用在以下情况：

① 潜在买方对获取专利权使用许可感兴趣；

② 风险投资人对投资一个创业公司感兴趣，该创业公司以专利为核心或者必须获得专利权转让或许可；

③ 买方对专利权所有人的权利本身感兴趣，或者说对专利权的商业价值感兴趣；

④ 首次公开募股和为上市做准备；

⑤ 并购企业。

在上述情况下，除了第④种情况只涉及单方从而只能由自己进行专利尽职调查外，其他情况由买方或卖方进行都可以。如果权利人不对自己的专利进行尽职调查，而让买方进行尽职调查，那么权利人将承担尽职调查可能出现的一切漏洞、问题或缺陷的后果。

权利人对自己进行专利尽职调查的好处是，有机会在交易之前发现和弥补存在的漏洞，从而使自己掌握主动权，降低由于买方进行尽职调查而导致交易贬值、权利人

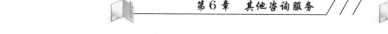

谈判地位削弱等的可能性，使交易风险明显降低甚至消除。

2 专利尽职调查的内容

根据专利尽职调查内容的复杂程度和花费的时间精力，大致可分为形式调查和实质调查两种。形式调查主要基于统计数据、专利检索报告、专利权属状况等进行简单的分析。实质调查则相对复杂得多，是在形式调查的基础上，对相关数据进行评估和分析并得出结论或提出风险规避方案。

2.1 形式调查

2.1.1 权利有效性调查

首先，权利的法律状态，是有效还是失效，是在申请中还是已经被授权。如果是在申请中，是否已经被公开。由于专利申请同样可以是交易的对象，但专利申请的未来能否授权和授权的保护范围是什么都具有极大的不确定性，所以这部分内容必须交代清楚，以避免客户在判断交易对象的价值时出现失误。

其次，专利的有效保护期限。专利的价值随着有效期限的缩短而降低，而大部分国家的专利维持费用又是逐年增长的。不同专利类型的保护期限差别很大，不同国家的保护期限也不尽相同。指明专利的有效保护期限是非常重要的。

再次，专利年费的缴纳情况。如果权利人没有及时缴纳年费，专利权会终止，但专利年费的缴纳往往有一段时间的滞纳期，在滞纳期内如果权利人及时缴纳了年费和滞纳金，仍然可以使专利权有效。因此调查中应仔细审核专利年费的缴纳情况对专利权的影响。

最后，专利权的同族专利情况，即专利在哪些国家有效。专利权是具有地域性的，如果专利受让人有在海外发展的意向，希望专利权在本国范围外也得到保护，那么必须了解受让技术在国外的专利保护情况，而且要注意不同国家的专利的保护范围很可能不同。

2.1.2 权利归属调查

专利以及从属专利在法律上的权属状况是专利尽职调查报告不可或缺的内容。所有权的归属问题随时随地会影响交易的进行，甚至会导致专利交易归于无效，因此潜在的风险极大。

在确定专利的权属状况时，可以从以下几个角度展开调查：专利申请人是谁；发明人或设计人是谁；是否属于职务发明，如果是，是否有发明人或设计人签署的向申请人转让专利申请权的相关文件；在专利申请过程中或授权后是否进行过任何转让；如果存在共同发明人/设计人或存在共同申请人，是否有全体人员签字的有效文件等。

2.1.3 争议调查

调查专利在法律上是否存在争议，是否被提出无效。调查中应注意，针对不同地

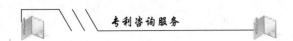

域可能存在不同的无效程序，如德国专利的异议程序。如果交易涉及的是一项在法律上存在争议的专利或专利申请，那么在交易后，可能会被牵涉入不必要的诉讼或纠纷中。如果专利正在被其他人提出异议或无效，则更须谨慎。因为一旦专利被宣告无效，买方将会陷入竹篮打水一场空的尴尬境地。因此专利尽职调查应包括对已发生的或正在进行中的争议的调查。

2.1.4 其他调查

根据客户的需求，调查的内容还可能包括：

目标公司目前自主拥有的主要专利技术、专利申报情况、应用情况、获奖情况等；

目标公司每年投入的研究开发费用及占公司营业收入比例；

目标公司目前正在研究开发的新技术及新产品有哪些；

目标公司新产品的开发周期；

目标公司未来计划研究开发的新技术和新产品；等等。

2.2 实质调查

实质调查的内容主要包括四个方面：自由运作权调查、权利稳定性调查、权利可执行性调查、争议或潜在争议调查。这些内容是基于上述形式调查的内容进行的。

2.2.1 自由运作权调查

自由运作权（Free to Operate，简称FTO）是指能够自由使用目标公司的技术（有时是自己企业的技术）而不侵犯第三方专利的权利。自由运作权调查简称FTO调查。

自由运作权调查的内容首先是了解目标技术的基本信息。目标公司可能涉及多种技术和多种产品，每种技术和产品可能对应多种技术方案。在了解目标技术的基本信息后，确定检索的初步参数和关键词，启动FTO检索和分析。

在尽职调查过程中，也可能已经有专利律师出具的自由运作权法律意见书。这时需要对该法律意见书进行审核，包括自由运作风险和权利可靠性问题以及规避可能性等。如果自由运作权调查分析涉及特定第三方的专利，应询问目标公司是否知晓该专利、是否已经获得相应许可、许可的类型与内容如何等。

2.2.2 权利稳定性调查

在确认专利权处于有效状态，并且专利权属没有瑕疵的情况下，还应对相关专利的申请历史进行审查，对专利稳定性进行初步分析。如果初步分析结果说明专利稳定性较高，再进行有针对性的在先技术检索，包括专利及其他公开出版物、相关专利的任一发明人的论文或演讲等。在有些情况下，也许专利的所有人并不知道这些文件的存在，而这些文件却与专利的稳定性有很大关系，甚至会直接导致相关专利实质上是一项无效的专利。

基于以上审查和检索结果对相关专利稳定性进行评估。首先对审查历史中引用的

第6章

对比文件进行评估，然后根据检索结果对专利稳定性的评估进行补充和更新。除了基于在先技术对专利的新颖性和创造性进行评估外，还要根据专利授予国的专利法规定，审查其权利要求书和说明书是否存在其他可能导致权利无效的缺陷，如公开不充分、修改超出原始申请文件记载的范围，等等。

2.2.3 权利可执行性调查

可执行性调查包括专利权是否存在不会导致无效但却无法执行权利的情况。比如专利在审查过程中存在适用禁止反悔原则的陈述，导致在侵权诉讼中无法主张权利，专利权实际上失去了保护意义。在美国还存在由于不正当行为导致的专利权不可执行问题，如专利申请人故意未向审查员提供重要信息，则可能构成不正当行为。一旦被判定存在不正当行为，则会导致整个专利权无法执行，而不仅仅是其中某一项权利要求。在尽职调查中如果发现存在可执行性问题，将对整个交易产生重大影响，因此往往需要与目标公司沟通获取所有关键证据后反复评估。

2.2.4 争议或潜在争议

没有企业愿意卷入诉讼争端中。因此专利尽职调查必须查明是否存在既有争议或者存在潜在的争议风险。

如果存在既有争议，应谨慎审查所有资料，包括法院或仲裁委员会的文书、争议双方提交的文件、目标公司内部文件等。针对争议，目标公司采取了哪些应对措施，是否取得了专利的使用许可或预期是否会取得使用许可。审查所有有关的协议，确认专利的许可范围、是否存在限制性条款等。

潜在争议的风险主要来自两方面。一方面是侵权纠纷，另一方面是专利权属纠纷。基于前面的 FTO 调查，对潜在的侵权纠纷已经有初步的判断。对于已经收到的专利权人的律师警告函，需要判断侵权风险的高低。如果经判断存在侵权风险，则需要进一步调查专利权人是否会发起侵权诉讼，目标公司是否对面临诉讼做了某些准备。

针对是否可能出现专利权属纠纷，专利尽职调查应审查所有与专利申请有关的公司内部文件，包括劳动合同、保密协议、技术交底书等与发明人有关的任何文件或记录；专利申请前以及申请过程中发明人披露的信息、发明人的姓名等事项，甚至发明人用于记录其构思、发明过程、实验测试记录和结果等非法律文书。涉及共有权利人时，需仔细审查所有共有权利人之间的义务，包括法定义务和约定义务，以及确认所有权利人是否对第三方承担任何义务，例如是否对赞助方、联合开发方等负有某种义务。在通过公共信息检索后，最好与权利人进行面谈，以解决任何未决的问题。

3 专利尽职调查的程序

从广义的专利预警出发，专利尽职调查是其中的一个重要类别。专利尽职调查服务涉及的内容很繁杂，需要遵循一定的程序。以下简要介绍专利尽职调查服务的

第6章

程序。

3.1 进行调查准备

在调查开始前，需要做好准备，以明确调查目的，有的放矢，避免造成人力物力的浪费。

3.1.1 设置数据室

尽职调查开始前，首先要将所有相关资料收集在一起并准备资料索引，指定一间放置相关资料的房间，对于电子数据而言设置一个数据空间，称为"数据室"或"尽职调查室"，例如用于验证权属和权利有效性的证明文件、许可转让协议及其登记备案文件、涉及专利纠纷的文档，等等。

3.1.2 建立管理程序

建立一套程序，包括相关人员和流程，让尽职调查小组能够有机会提出有关被调查的目标公司的问题并能获得数据室中可披露文件的复印件，例如安排调查时间表、可能需要询问的人员等。

3.1.3 制作调查清单

明确客户需求，制作尽职调查清单，列出所有可能相关和感兴趣的问题，可能希望得到的文件和信息。

3.2 检索公开信息

3.2.1 检索并调整清单

这一阶段的任务主要是通过公开渠道进行专利和文献检索，初步确定目标公司的相关专利并进行优先排序，从而对目标公司的专利整体布局和保护情况有初步的了解，并就尽职调查清单进行调整。这一部分工作主要为下一阶段访问数据室对相关文件和证据的进一步分析创造条件。通常数据室开放的时间是有限的，所以必须在访问之前做好充分准备，从而提高访问数据室的效率。

3.2.2 筛选公开信息

在访问数据室之前，应对公开信息进行筛选，确定需要进一步调查的事项，列明需要审核的文件和需要进行调查的相关人员，并在必要时指出可能的争议点。事先指出争议点的优势在于：确保在访问数据室之前，有机会事先解决争议问题。

3.2.3 制作文件清单

专利尽职调查小组还应制作另一份清单，列明数据室中的库存文件及预计的文件数量，以确保目标公司能够提前做好充分准备。

3.3 访问数据室

访问数据室是尽职调查的重要部分。在这一阶段，应对目标公司的相关信息进行详尽审核，通过数据室的文件和调查相关人员，找出尽职调查清单中所有问题的答案，尤其是审核与权利可靠性和可执行性相关的所有事项。

访问数据室开始之后，负责权利可靠性和可执行性问题的成员应立即将目标锁定在专利审查的历史文件上；负责争议类问题的成员应立即将目标锁定在法院或仲裁委员会的文件以及与第三方之间的通讯文件上；负责自由运作权（FTO）调查的成员很可能会发现一些存在问题的第三方专利。因此，可能存在对目标公司就上述专利的侵权风险或权利可靠性而审核已有的法律意见书或出具进一步法律意见的必要性。

3.4　撰写调查报告

专利尽职调查内容完成后，应撰写调查报告，介绍对确定目标公司的价值或对调查目的有重要影响的事项。尽职调查报告应反映尽职调查中发现的实质性法律事项，通常包括根据调查中获得的信息指出潜在风险并提出建议以及对影响客户判断的各种因素进行的分析。通常而言，根据尽职调查的结论，可以通过谈判对交易的相关内容进行修改，最大程度降低这些问题所带来的风险。

专利尽职调查过程中，往往需要在很短的时间内对大量信息进行审核，因此对于专利信息和相关法律问题的了解时时都在更新，经常要定期汇报调查的进展。这样也有助于客户适时监测进展程度，较好地控制预算，并及时在需要时调整调查的重点和优先顺序。根据所确定的调查重点，尽职调查小组应有效地进行信息共享、达成共识，并确定需要写入书面报告中的事项，尽量避免就不必要的问题形成书面文件。尤其是对交易类的尽职调查而言，以书面形式作出的负面评论可能会在日后产生不利影响。

在专利尽职调查中，很难出现不存在任何缺陷或风险的情况，因此在调查结论中应当给出一定的风险提示。同时应指明给出的建议仅基于目前掌握的资料，是否可行还应当考虑企业内部和外部环境的诸多因素。

第 2 节　专利资产评估

专利资产评估作为对专利资产价值评定估算的客观途径，在专利资产权属变化、专利资产作价和专利纠纷索赔等活动中发挥着重要的公允尺度作用，具有较为广泛的用途。本节主要就专利资产评估的概念和专利资产评估的方法进行阐述。

1　专利资产评估的概念

1.1　专利资产评估的定义

资产评估是指按照相关的规则，采用适当的方法，对资产价值进行分析和估算的行为。专利资产评估则是指依据相关法律、法规和资产评估准则，对专利资产的价值进行分析和估算，并给出专业意见的行为。专利资产评估也就是专利资产价值评估。

专利是智力劳动成果产生的专有权利，有价值和使用价值，而智力劳动成果的价

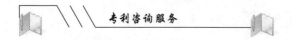

值不能像一般产品的价值那样，通过简单地计算物耗和时耗成本来计算。因此，专利资产评估要根据专利资产的特殊性，运用科学、实用和易操作的评估方法，对特定专利权的现时价格进行评定和估算。

由于专利资产价值与成本具有弱对应性，其价值需要依据其可能带来的预期未来收益来确定，但其未来收益受可行性、实施情况、使用范围等因素的影响，有较大的不确定性，因此，影响专利资产评估的因素很多，种种因素的叠加使专利资产评估事务变得极为复杂。

1.2 专利资产评估的相关概念

专利资产评估的相关概念包括：

1.2.1 评估主体

评估主体指评估工作的承担者，即从事资产评估的机构和人员，这些机构和人员需要有相应的资产评估的资质和资格。

1.2.2 评估客体

评估客体指评估对象。专利资产评估的评估对象是专利资产，实质上是纳入评估范围的一件、多件或企业全部的专利资产权益，包括专利所有权和专利使用权。其中，专利使用权主要有专利独占许可权、独家许可权、普通许可权和分许可权等。

1.2.3 评估目的

评估目的指评估结果的用途，包括质押贷款、项目融资、注册出资、增资扩股、合资合股、企业并购、许可使用、权利转让、品牌宣传、资产清查、企业清算和诉讼索赔等。一份评估报告通常只对应于一个评估目的。

1.2.4 评估依据

评估依据指评估工作的依据，包括相关法律法规、资产评估准则、产权证明和经济行为文件等。

1.2.5 评估原则

评估原则指评估工作所遵循的原则，包括资产评估共同的原则（独立性、客观性、公正性和科学性等）和专利资产评估独特的原则（适用性、先进性、可靠性和保密性等）。

1.2.6 评估假设

评估假设指评估的假设条件。专利资产评估的假设主要包括公开市场假设（可以在市场上自由买卖）和持续使用假设（有连续使用和创造收益的功能）等。

1.2.7 评估程序

评估程序指评估的过程次序，一般包括明确基本事项、签订业务约定书、编制评估计划、调研相关现场、收集评估资料、评定估算价值、编制评估报告和归档工作底稿等。

1.2.8 评估方法

评估方法指分析和判断评估对象价值的手段和途径，包括收益法、市场法和成本法。

1.2.9 评估基准日

评估基准日指确定评估对象价值的基准时间，也是评估结论成立的时点。其可以是现在时点，也可以是过去的或将来的时点。

1.3 专利资产评估的用途

虽然资产评估的产生在于资产交易的需要，但专利资产评估已不局限于服务专利许可转让和专利资产投资。随着社会的发展，专利资产评估的目的和用途也多样化起来。现在专利资产评估主要用于以下几类活动中：

1.3.1 专利交易中

专利交易中的专利资产评估是指专利申请权转让、专利权转让和专利实施许可等交易活动中的专利资产评估。

1.3.2 质押贷款中

质押贷款中的专利资产评估是指专利权人为获得银行贷款，对专利权作为质押物所进行的专利资产评估。

1.3.3 注册出资中

注册出资中的专利资产评估是指企业股东在认缴出资时，对专利资产作为无形资产出资所进行的专利资产评估。

1.3.4 合资合作中

合资合作中的专利资产评估是指企业在合资合作中，对专利资产作为合理对价所进行的专利资产评估。

1.3.5 清算并购中

清算并购中的专利资产评估是指在企业清算、收购和兼并过程中，对专利资产作为标的物所进行的专利资产评估。

1.3.6 诉讼纠纷中

诉讼纠纷中的专利资产评估是指在专利侵权诉讼和其他纠纷中，为判断赔偿额所进行的专利资产评估。

2 专利资产评估的方法

2.1 专利资产评估的基本方法

市场法、收益法和成本法是国际评估通用的三种方法，也是国家财政部颁发的《资产评估准则》规定的专利资产评估方法。专利资产评估的方法直接影响到评估的结果，在专利资产评估中，如果不能运用科学的方法，就会造成较大的误差。各种资

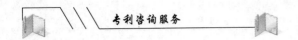

产评估方法有其不同的特点和使用前提，需要在实际运用中合理选择。

2.1.1 市场法

该法根据市场上同样或类似专利资产的近期交易价格经直接比较或类比分析来估测评估对象的价值。

市场法的使用需要两个基本前提：一是要有活跃的公开市场；二是公开市场上要有可比的资产及其交易活动。也就是说，在有充分的源于市场的交易案例，可以从中取得作为比较分析的参照物，而且在需要时可以对评估对象与可比参照物之间的差异作出合适的调整的情况下，才可以使用市场法。

由于大多数专利资产并不具有公开的市场价格，有些专利资产是独一无二的，难以获得同样或类似的资产交易案例，而且专利资产往往与其他资产一起交易，很难单独分离其价值。也就是说，许多专利资产的唯一性、多种资产捆绑交易的常见性，使得市场法的使用受到较大的限制。

2.1.2 收益法

该法通过估测评估对象未来预期收益并将其折算成现值来判断评估对象价值。收益法是目前专利资产评估中使用最多的一种评估方法。

收益法的使用需要两个基本前提：一是专利资产的未来预期收益（包括获利年限）可以预测，并可以用货币衡量；二是获得预期收益所承担的风险可以预测，并可以用货币衡量。

用收益法评估专利资产必须确定预期收益、折现率和预期收益期限。预期收益可以通过直接测算超额收益和通过利润分成率测算获得，我国专利资产评估中所使用的利润分成率一般在25%~33%之间。折现率可以按折现率 = 无风险报酬率 + 风险报酬率计算，其中无风险报酬率一般选取当年中长期国债利率、银行储蓄利率换算为复利计算的年利率；风险报酬率由技术风险系数、市场风险系数、资金风险系数及管理风险系数之和确定。预期收益期限依据技术寿命、技术成熟度、法定寿命和产品寿命确定。使用收益法的关键是如何确定适当的折现率。折现率的确定必须符合多项目原则和采用适当的方法，并且必须考虑评估目的和评估对象等多种因素。

2.1.3 成本法

该法按照评估对象重置成本扣减各项贬值来确定专利资产的价值。重置成本是指在现行市场条件下，重新构建一项与评估对象功能相同的全新资产所支付的全部费用。

成本法的使用需要两个基本前提：一是评估对象处于可继续使用状态或被假定处于继续使用状态；二是评估对象的预期收益能够支持其重置及其投入价值，即评估对象的预期收益应该足以支付重新构建该资产需支付的成本。

成本法评估的理论依据基于专利资产的价值随多种客观原因的变化而变化，并且专利资产的价值不应超过其重置时的成本。成本法计算专利资产价值可以由重置成本减去功能性贬值和经济性贬值计算。专利资产分为外购和自创两种，外购专利资产的重置成本确定比较容易，包括购买价和购置费用两部分。自创专利资产的重置成本由研发成本、交易成本和专利申请与维持成本构成。研发成本包括材料费、人工费、专用设备费、资料费及差旅费等直接成本和管理费、非专用设备折旧费及应分摊公共费用等间接成本；交易成本包括技术服务费、差旅费、管理费、手续费和税金；专利申请与维持成本包括代理费、申请费、实审费、办登费和年费等。功能性贬值按专利资产与参照物之间的成本增加值或利润减少值计算，先选择技术先进的参照物，再将应用专利资产与应用参照物进行比较，从成本、收益和利润上综合分析。经济性贬值由国家宏观经济政策或市场环境变化造成的资产闲置和收益下降等所导致的资产价值损失计算。

2.2　专利资产评估要考虑的因素

影响专利资产价值的因素很多，评估中需要考虑的因素主要包括法律因素、技术因素、产业因素、市场因素和其他因素。

2.2.1　法律因素

影响专利资产价值的法律因素主要包括评估对象的授权状况、权利类型、年费状况、保护期限、纠纷状况、保护范围、权利稳定性和交易方式。

（1）授权状况

首先需要看拟评估对象是专利申请还是专利。因为专利申请最终的命运有被授权、被驳回、被撤回或被视撤几种可能，其价值完全不同。故对专利申请进行评估时，不可与专利同等对待。

（2）权利类型

外观设计专利与实用新型专利的授权不经过实质审查，其含金量明显不如发明专利，在日后无效程序或侵权诉讼中被无效的可能性较大。故对这两种专利进行评估时要与发明专利区别对待。

（3）年费状况

漏缴或未足额缴纳年费可能导致专利权失效，因此需要考虑专利权人是否有按时缴纳专利年费的可靠记录。即使评估对象是一项处于漏交但可恢复的专利，评估中也必须考虑恢复程序中的花费以及无法恢复所带来的损失。

（4）保护期限

专利剩余保护期限是对专利价值最重要的影响因素之一，如果评估对象保护期限仅只剩下最后几年，该专利资产的价值也必然要大打折扣。虽然专利权期限届满不等于专利技术完全没有使用价值，评估时要考虑专利技术的使用期限和生命周期，但常常要以保护年限和经济年限"孰短"的原则确定其使用年限。

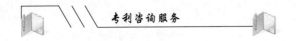

（5）纠纷状况

评估对象牵扯到无效、行政或侵权诉讼等专利纠纷时，其价值会受到很大影响，专利资产评估时必须考虑这一因素。

（6）保护范围

评估对象的专利保护范围越大，垄断性就越强，攻击性和防御性也越强，专利价值也就越高。而如果评估对象申请文件写得很糟糕，实际技术方案得不到保护，或者授权文本所取得的保护范围太小，很容易被绕过，垄断性就很弱，专利价值也就很低。

（7）权利稳定性

如果一项专利存在缺陷，很容易被他人无效掉，就不可能按专利技术来评价其资产价值。

（8）交易方式

通常买方获得的权利越大，专利资产的评估值越高，因此专利权转让比专利权实施许可的价格要高。因为一项专利可以许可多家使用，每家只获得使用权，没有所有权，垄断性有限，交易价格就低。当然随着转让次数的增加，专利资产的评估值呈降低的趋势，也就是说同是实施许可，由于其许可程度不同，评估值的高低也不一样。

2.2.2 技术因素

影响专利资产价值的技术因素主要包括评估对象技术方案的技术先进程度、技术可替代性和技术发展阶段。

（1）技术先进程度

专利技术先进程度越高，技术含量越高，成熟程度越高、实施效果越好、竞争能力越强、运用风险性就越小，其价值评估越高。

（2）技术可替代程度

在评估对象有其他专利资产可替代时，其评估值就会较低。另外，若检索发现存在更先进的替代技术，那么该专利的价值会严重贬值，因为专利资产的更新换代越快，无形损耗就越大，其评估值就越低。

（3）技术发展阶段

专利技术所处的技术发展阶段直接影响专利资产的价值，比如专利技术是实验室成果、小试成果、中试成果，还是产业化成果，其价值是远不相同的。

2.2.3 产业因素

影响专利资产价值的产业因素主要包括专利技术的可产业化程度、产业应用范围和产业扶持政策。

（1）可产业化程度

就可产业化程度而言，主要考虑专利技术产业化的难易程度，实施的条件要求是否苛刻。产业化越容易，实施要求越低，实施的可能性就越大。

（2）产业应用范围

就产业应用范围而言，主要考虑专利技术现在和未来可能应用领域，应用的范围越广，专利价值就越高。

（3）产业扶持政策

就产业扶持政策而言，主要考虑专利技术所在应用领域是否符合国家产业政策、是否是鼓励发展的方向，符合则能享受更多的优惠政策，拥有更广阔的市场空间，技术产品的未来收益就更好。

2.2.4 市场因素

影响专利资产价值的市场因素主要包括评估对象本身的市场需求和其获利能力，以及同类专利资产的市场价格。

（1）市场需求

专利资产的评估值随专利资产本身市场需求的变动而变动，市场需求越大，则评估值就越高。

（2）获利能力

专利技术产品被市场所接受的程度和获利能力对专利资产价值具有重要影响。通常情况下，技术产品市场越需要，市场占有率越高，市场前景越好，就表明专利资产的获利能力越强，其所体现的价值就越大。

（3）市场价格

同类专利资产的市场交易价格、专利资产相关产品或行业的市场状况，也会影响专利资产的价值。

2.2.5 其他因素

影响专利资产价值的其他因素主要包括评估对象的专利资产成本和交易支付方式。

（1）专利资产成本

一般来说，专利资产成本包括创造发明成本、法律保护成本、推广交易成本等，这些成本从某种程度上影响着专利资产的评估值。

（2）交易支付方式

一次性支付许可转让费时，实施过程中的各种风险都由买方承担，此时的评估值应低一些；分期支付许可转让费时，由于支付期限较长，买方承担的风险相对较小，评估值应高一些；采用入门费加提成支付许可转让费时，其评估值应居中。当然，在卖方完全依据收益提成的情形下，专利资产的评估值应当最高。

在上述专利资产评估应当考虑的因素中，法律因素和技术因素的判断是专利咨询机构可以充分参与并出具专业意见的范围。专利咨询机构可以配合评估公司对专利的授权状况、专利类型、年费缴纳情况、技术先进程度以及技术可替代程度等内容进行评价，作为评估公司针对专利资产进行评估时的重要依据。

第6章

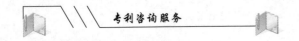

2.3 专利资产评估的思路示例

专利资产评估是一项复杂的工作，需要遵循一定的思路，以下以专利交易中的专利资产评估为例说明专利资产评估的基本思路。

专利交易中，频繁发生的产权变动情形主要包括专利申请权转让、专利权转让和专利实施许可三种情形。无论是哪一种情形，专利资产都不是作为一般意义上的生产要素在交易，而是作为一种获取收益的手段或工具在买卖。专利资产评估的着眼点不是获得专利形成的价值，而是专利所能带来的使用价值，也即专利的获益能力。因此，专利交易中的专利资产评估的总体思路是从评估对象的法律状态、技术状态、产业状态、市场状态和其他状态出发，综合考虑其在未来一定期限内所能带来的现实市场价值。

2.3.1 专利申请权转让评估

专利申请权转让评估中，评估方法要视专利申请的具体情况而定，一般可以按完成发明创造耗费的成本加上适当的成本利润进行评估。但无论采用何种方法评估专利申请价值，都必须先进行查新检索，分析判断技术方案的三性，同时还必须分析申请文件是否充分公开，申请主题是否属于保护的客体等实质上和形式上的缺陷，判断其获得专利权的可能性。如果分析发现其必然不能被授权，此时就没有必要进行评估。

2.3.2 专利权转让评估

专利权转让评估中，除了要充分考虑专利技术本身的特点选择评估方法外，还必须研究专利权的有效性和专利权的稳定性等法律状态、专利技术先进程度和技术可替代性等技术状态、专利技术可产业化程度和产业应用范围等产业状态、专利技术市场需求和获利能力等市场状态等多重因素，从而判定专利资产的价值。

2.3.3 专利实施许可评估

专利实施许可评估中，专利许可使用费的确定，一方面必须考虑专利资产本身的价值，另一方面还要考虑实施许可的现状和趋势，并要考虑许可费用的支付方式等事项。

总之，影响专利资产价值的因素很多，评估中要综合运用各种评估方法，组合经济、法律、专业技术领域的人才，与法律服务部门、产权交易部门合作，从评估的角度综合判断专利资产的市场价值，得出相对科学、合理和公允的资产评估结果。

第3节 交易合同咨询

专利交易合同作为技术合同的一个主要类别，对促进专利技术转移、规范交易双方的权利和义务具有十分重要的作用。本节主要就交易合同的概念和交易合同咨询的服务内容进行阐述。

1 交易合同的概念

1.1 交易合同的定义

专利交易合同是指交易双方为完成专利交易所订立的约定双方权利义务的法律文书。进行专利交易时，交易双方通常会签订书面的交易合同。专利交易合同主要包括专利实施许可合同、专利权转让合同和专利申请权转让合同。

1.1.1 专利实施许可合同

专利实施许可合同指许可方将其专利许可给被许可方在一定的范围和一定的时间内使用，而被许可方向其支付使用费所订立的合同。专利实施许可合同可以简称为许可合同。

1.1.2 专利权转让合同

专利权转让合同是指转让方将其专利的所有权转让给受让方，而受让方向其支付转让费所订立的合同。专利权转让合同可以简称为转让合同。

1.1.3 专利申请权转让合同

专利申请权转让合同是指转让方将其发明创造申请专利的权利转让给受让方，而受让方向其支付转让费所订立的合同。

为叙述方便，下文将许可的许可方和转让的转让方统称为让与人，将许可的被许可方和转让的受让方统称为受让人。

1.2 交易合同的内容

我国《合同法》规定，合同一般包括当事人信息、标的、数量、质量、价款、履行事项、违约责任和争议解决办法等条款。《合同法》第十八章专门对技术合同作出了规定。专利交易合同虽有其特殊性，但也必须符合《合同法》对技术合同的要求。

专利交易合同一般由序文和正文两部分组成。序文部分通常包括项目名称、双方当事人的名称和地址以及签订合同的目的。按照《合同法》，正文部分通常包括以下条款：

1.2.1 交易标的

该条款说明标的的内容、范围和要求。在专利交易合同中，该条款说明标的专利（含专利申请，下同）的著录项目及专利权有效期、交易的方式和交易的具体内容。

1.2.2 履行事项

该条款说明履行的计划、进度、期限、地点、地域和方式。在专利交易合同中，该条款说明让与人履约服务（包括向受让人交付资料和提供技术服务）的内容、进度、期限、地点、地域和方式。

1.2.3 保密事项

该条款说明技术情报和资料的保密要求。在专利交易合同中，该条款说明交易中所涉及的技术情报和资料的保密范围和保密期限。

1.2.4 风险责任

该条款说明风险责任的承担方式。在专利交易合同中，该条款说明标的专利出现被诉侵权、被侵权或被宣告无效（或专利申请被驳回）等时的责任、承担方式和处理办法等。

1.2.5 改进归属

该条款说明后续技术成果的归属和收益的分成办法。在专利交易合同中，该条款说明专利许可后的实施过程中，技术出现改进后的技术所有权归属和由此产生的利益分配办法。

1.2.6 验收事项

该条款说明验收的标准和方法。在专利交易合同中，该条款说明许可转让后，让与人提供的技术是否符合合同约定的验收标准和验收方法。

1.2.7 价款报酬

该条款说明价款、报酬或者使用费及其支付方式。在专利交易合同中，该条款说明许可转让费的数额和计算办法、支付方式和支付时间。

1.2.8 违约责任

该条款说明违约金或者损失赔偿的计算方法。在专利交易合同中，该条款说明在履行专利交易合同中一方违约时，需要支付给对方的违约金数额，或者赔偿给对方的损失数额及其计算方法。

1.2.9 争议处理

该条款说明解决争议的方法。在专利交易合同中，该条款说明双方所签订的合同的适用法律和争议解决的管辖机构。

1.2.10 术语解释

该条款说明名词和术语的含义。在专利交易合同中，该条款说明专利交易合同中使用的术语和特定用语的含义。

2 交易合同咨询的内容

专利交易合同咨询的工作内容主要是审核主体资格和审核合同条款。

2.1 审核主体资格

审核主体资格相对简单，主要看让与人是否是合法的持有人。让与人为权利共有人时，在非普通许可的情况下还要看让与人是否得到了其他所有权利人的同意。此外，主体资格审查还要认真核对标的专利的法律状态信息，尤其是专利权人的变更信息和专利权的有效性信息。

2.2 审核合同条款

审核合同条款是交易合同咨询的主体内容。审核时，不仅要逐条分析已有条款，还要对需要修改、增加或删除的条款给出咨询意见。以下就主要条款审核和修改应注意的问题进行阐述。

2.2.1 交易标的条款

交易标的条款通常要约定标的专利完整的著录项目、标的专利的有效期、许可转让的类别和内容、许可的地域和时间。合同审核中主要注意以下几点：

（1）准确描述标的专利

描述标的专利时，要列出其完整的著录项目，包括发明创造名称、专利申请人、专利权人、申请日、申请号、专利号、授权日和公告日等。

描述权利时，要用准确的法律名称，而不用自定义的权利名称。例如，可以使用发明专利、实用新型专利和专有技术等准确的法律名称，而不能用技术产权、技术权、生产权和开发权等自定义的权利名称。自主知识产权、完全自主知识产权等是政策性语言，不是法律语言，其内涵、外延都很不清楚，是不能使用的。还有一类名称，虽然在有些法律法规中提到但含义模糊，最好也不要使用，例如：发明权、发现权、合理化建议权、技术成果权等。

描述专有技术时，要说明专有技术的具体内容，使得边界清楚明了。合同条款贵在清楚明确、没有歧义，专利技术有申请文本和授权文件基础，界定标的范围相对容易，但专有技术却不然，如果不界定清楚，就会埋下纠纷的隐患。

（2）准确描述专利权有效期

许可合同的许可期限应当与专利的有效期相一致或在其有效期内。专利的有效期均自申请日起计算，将专利的有效期从许可合同签订之日起或自专利授权之日起来计算的做法显然是不合法的。

（3）准确描述交易方式

描述交易方式时，要说明是许可还是转让，许可时的许可种类、许可内容、许可地域和许可时间。

许可种类包括独占许可、独家许可、普通性许可、分许可和交叉许可形式。采用独占许可时，虽然许可方可以获得较高的使用费，但也束缚了自己的手脚，许可方应谨慎使用。

许可内容要约定被许可方是否具有制造、使用、销售、许诺销售和进口等权利，是否具有分许可权利。

许可地域可以是专利权的整个有效地域范围，也可以是其中的一部分地区，但不能超出前一地域范围。

许可时间可以是专利权的整个有效期，也可以是其中一部分，但不能超出有效期

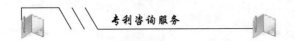

范围。另外，含有多个专利的许可合同，应对不同的专利许可期限进行单独的约定。

2.2.2 履行事项条款

履行事项条款除约定让与人向受让人交付的资料名称和交付资料的方式外，重点约定让与人要向受让人提供的技术服务。

合同中应约定让与人对受让人提供技术指导、技术培训和技术服务的内容，明确在合同生效后多少日内，让与人在何处以何种方式，向受让人提供何种技术服务，其费用由何方承担。

同样，合同中应约定在出现技术方案的改进、移植、嵌入等情况时，让与人提供技术支持的响应时间、支持方式和所需费用等。

2.2.3 风险责任条款

风险责任条款通常约定出现实施标的专利行为被诉侵权、标的专利被侵权或被宣告无效时，或者专利申请未能获得授权时双方应承担的责任和处理方式。合同审核中主要注意以下几点：

（1）清楚阐述侵权责任

由于他人可能享有在先权利，受让人实施标的专利所生产的产品或方法是可能被诉侵权的，因此，合同中应明确约定出现专利侵权时的法律责任。

在侵权责任条款中，受让人通常要求让与人承诺，在让与人明知或应知的情况下，其许可转让的专利不侵犯特定地域范围内的第三方专利权，否则，由让与人承担诉讼费用和侵权赔偿责任，并对受让人予以相应的侵权损失补偿。

在让与人承担侵权赔偿责任时，受让人一般会要求其对技术进行改进、更换等以使受让人可以继续使用有关技术方案，如这些措施仍不能使受让人合法使用有关技术方案，则受让人可以要求让与人退回已收取的全部许可转让费，并给予受让人相应的损失补偿。

受让人还可能约定在他人未经许可而使用标的专利，使受让人处于竞争劣势，出现被侵权时，让与人应当分担的责任。

（2）清楚阐述无效责任

由于有人提出无效宣告请求时，标的专利是可能被宣告无效的，因此合同中应明确约定无效后的法律责任。

受让人在合同中通常要求让与人承担由于其专利被无效而导致后果的一切责任，对造成的损失给予补偿。

（3）清楚阐述免责情形

在就专利无效责任、专利侵权责任及其责任限额作出约定的基础上，双方都会提出约定免责的情形。

让与人常常要求在合同中明确其不承担间接损失和机会损失责任；不承担由于受让人自身修改技术方案、将标的专利与其他技术方案结合使用、不使用或拒绝使用让

第6章

与人提供的升级技术等情况而造成的责任。

受让人通常要求在合同中约定让与人豁免受让人及其客户在合同签署前使用标的专利的责任。

2.2.4　改进归属条款

改进归属条款约定专利许可后，被许可方单方面或者与许可方一道改进专利技术，由此所产生的改进技术的权利归属问题。

一般改进技术遵循"谁改进，谁拥有"的原则。被许可方通常会要求由己方改进产生的技术成果的知识产权归己方所有。

改进技术虽可能为被许可方所有或者为双方共有，但许可方可以在合同中明示标的专利归许可方及其权利人所有，不因此次许可而发生任何变更，也不因技术改进而发生任何变化。

2.2.5　验收事项条款

验收事项条款常约定验收指标、验收标准、验收方法，以及验收不合格的处理办法。

条款中要给出量化的技术指标和其他验收指标、验收所依据的质量或技术标准（写明使用标准的标准编号）；同时应写明是由委托的质量检测部门进行验收，还是由双方组成验收组进行验收。

这一条款还应写明验收不合格时，双方应负的责任。一般情况下，可以约定如果因为受让人的原因导致验收不合格，则让与人应协助再次进行试制，仍不能生产出合格产品的，让与人有权终止合同，并且可以不退还许可转让费。如果因为让与人的原因导致验收不合格，则受让人也同样有权终止合同，让与人应退还所有许可转让费，并且赔偿受让人应有的损失。

2.2.6　价款报酬条款

价款报酬条款是合同的核心条款，是双方当事人都关心的重要问题，通常应约定许可转让费数额和支付方式。合同审核中主要注意以下几点：

（1）具体约定费用数额

许可转让费数额的多少，到目前为止还没有一种非常合理的、可普遍适用的计算方法或公式。这是因为确定许可转让费数额需要考量的因素很多，而且很多因素还很不确定，估价过高或过低都是可能的。实践中往往以专利资产评估的评估值为基础，综合考虑多方面的因素，由交易双方协商确定。合同中要真实地表示交易双方的协商结果，明确说明许可转让费的数额。

（2）具体约定支付方式

合同中要清楚阐明许可转让费的支付方式，比如是一次总付还是分期支付；分期支付时是提成支付还是入门费加提成支付等；提成支付时是按利润提成、按销售额提成、按新增产值提成、按产品价格提成、按产品件数提成，还是按产品产量提成等；

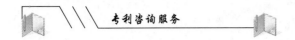

提成支付时是采取固定比例提成、逐年递增提成还是逐年递减提成等。提成费一般以阶梯式且有上限比较合适，还可以约定最低年使用费、最高年使用费、最低提成费和最高提成费等。

此外，合同中还要清楚阐明许可转让费的支付时间，尤其是在分期支付时，更应该清楚说明每次支付的时间。向国外让与人支付许可使用费时，因需报外汇部门和税务部门审批款项，所以合同中需约定足够的付款时间。

（3）具体约定税费汇费承担方

合同中还需约定许可转让费的税费及汇费承担方，这一点往往容易被忽视。而如果在合同中不明确说明这些费用的承担方，等签完合同准备支付费用的时候才提出这个问题，双方可能就因此出现分歧和纠纷。在受让人不满足让与人的要求时，有些让与人便以终止合同、向境外管辖法院起诉，按境外法律要求受让人承担责任胁迫受让人。

当让与人希望合同中明确写明许可转让收入为其净所得时，就意味着税费和汇费均由受让人承担，此时需要判断是否可以接受和是否需要在合同中明确承担方。

（4）具体约定查账制度

在提成支付的情况下，让与人应在合同中约定查阅有关会计账目的办法，要求被许可方同意许可方聘请的会计师审计被许可方账目。

在采用入门费加提成支付的情况下，许可方通常应要求被许可方提供销售报告。合同中应约定销售报告提供的时间和报告必须记载的事项，如每季度提供销售报告、报告中应载明销售数量和应付费用等。

2.2.7　争议处理条款

争议处理条款要约定专利交易合同适用哪国法律，争议由何机构管辖。合同审核中主要注意以下几点：

（1）明确说明适用法律

按我国合同法，涉外合同可以选择外国法为准据法，双方当事人在合同中可以自由地约定适用法律与管辖法院，但应当注意所选择的准据法在发生争议时对己方是否有利。

涉外专利交易中，无论专利许可转让的地域范围是否包括美国或欧盟成员国，外方常常会非常强硬地要求选择美国或欧盟成员国法律和法院作为专利交易合同的适用法律和管辖法院。而多数国内企业并不了解欧美的法律制度与司法体系，而且万一发生争议，欧美的诉讼费用和律师费用往往会让国内企业难以承受。一旦接受这样的条款，就相当于给外方提供了有力的武器，其可以在发生争议时，以在欧美起诉来胁迫国内企业接受其要求。

一般而言，应当选择最有利于自己的准据法。选择适用法律时，应当注意合同的内容与准据法的规定是否相配，在发生争议时准据法的运用、解释与案例等是否对己

第6章

方有利等。从费用、语言和效果等因素考虑，选择自己国家法律作为准据法一定是有利的。在中国司法实践上，涉外专利交易合同的准据法选择外国法的案例尚属空白。

（2）明确说明管辖机构

同理，应当尽量选择国内法院和国内仲裁机构管辖，比如选择中国国际经济贸易仲裁委员会作为仲裁机构。若无法说服对方，则可以选择香港国际仲裁中心或新加坡国际仲裁中心等机构作为仲裁机构。

2.2.8 其他合同条款

虽然某些条款在合同法有关技术合同的部分没有被明确提及，但实践中常常会在专利交易合同中出现。有关这些条款的审核、修改和建议也是交易合同咨询的重要内容。所说条款主要包括以下条款：

（1）历史条款

专利交易合同中往往会约定一些对历史事件的处置办法。

在转让的情况下，因为权利是整体转移的，有关转让的约定较之许可的约定相对简单，但如果转让方在订立转让合同前已实施，订立合同时就应当约定转让后转让方是否能够继续实施；如果转让方在订立转让合同前已与他人订立了许可合同，并且他人已在实施，订立合同时就应当约定对于原许可合同中的权利义务的处理办法。

在许可的情况下，合同中有时会约定许可方豁免被许可方及其客户在本合同签署前使用许可专利而产生的责任。

（2）限制条款

虽然按国内外法律法规，让与人不得禁止受让人对专利技术进行改进，但由于许可转让可能使让与人失去对其专利权的有效控制，失去相应的市场份额和商业机会，甚至可能给自己培养出有力的竞争者，因此，让与人为了降低风险，不仅会要求一些合理的限制条款，比如限制被许可方的专利实施行为，要求被许可方只能在约定的地域实施，而且往往会凭借其对技术的垄断，在合同中对受让人取得技术、使用技术、改进技术和销售产品提出各种限制，并且可能设法加入涉及搭售、独家交易、回授，以及禁止删除或修改让与人专利标记、禁止反向工程、禁止将所涉专利单独销售等的不合理限制条款。

合同咨询中需着重关注合同条款中的有关限制竞争的条款。对于不合理的限制，受让人需要小心谨慎。《国际技术转让行动守则（草案）》中列举了 14 种，我国《技术进出口管理条例》也例举了 7 种不合理的限制行为，在实践中可以参考。

（3）附件条款

专利交易合同中，往往会涉及附件的条款，比如把与履行合同有关的技术或专利转让合同、技术背景资料、可行性研究报告、技术评价报告、项目任务书、项目计划书、技术标准、技术规范、设计文件、工艺文件，以及其他技术文件作为附件，约定为合同的组成部分，与合同条款具有同等效力。

第6章

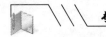
（4）说明条款

合同中一般都需要有说明合同有效期、生效期、合同签订地点和合同签订时间等的条款。

对重要的合同，合同中还需要约定在双方授权代表对合同文本进行页签后生效。

按《专利法》规定，专利权转让或专利申请权转让必须向国务院专利行政部门登记，并自登记之日起生效，在约定合同生效期时要注意不得与该规定相悖。

第
6
章

参考文献

［1］毛金生. 企业知识产权战略指南［M］. 北京：知识产权出版社，2010.

［2］北京路浩知识产权代理有限公司，等. 企业专利工作实务［M］. 2 版. 北京：知识产权出版社，2010.

［3］中华全国专利代理人协会. 专利代理服务指导标准. 2009.

［4］冯晓青. 企业知识产权战略［M］. 3 版. 北京：知识产权出版社，2008.

［5］毛金生，冯小兵，陈燕，等. 专利分析和预警操作实务［M］. 北京：清华大学出版社，2009.

［6］袁建中. 企业知识产权管理理论与实务［M］. 北京：知识产权出版社. 2011.

［7］徐棣枫，沈晖. 企业知识产权战略［M］. 北京：知识产权出版社，2010.

［8］何敏. 企业专利战略［M］. 北京：知识产权出版社，2011.

［9］肖沪卫. 专利地图方法与应用［M］. 上海：上海交通大学出版社，2011.

［10］杨铁军. 产业专利分析报告（第 5 册）. 北京：知识产权出版社，2012.

［11］陈燕，黄迎燕，方建国，等. 专利信息采集与分析［M］. 北京：清华大学出版社，2006.

［12］骆云中，等. 专利情报分析与利用［M］. 上海：华东理工大学出版社，2007.

［13］PHILP MENDES. IP Due Diligence Readiness. WIPO Program Activities［EB/OL］.［2012 - 5 - 25］. http：//www. wipo. int/sme/en/documents/due_ diligence_ readiness. html.

参考文献